Zwischen **Welt-** und **Wochenmarkt**

Der Autor

Detlev Arens, Dr. phil., ist Autor mehrerer Kunstreiseführer, unter anderem für Flandern, Prag und zuletzt Bonn. Sein besonderer Enthusiasmus gilt Sujets an der Nahtstelle zwischen Natur und Kultur. Darüber hinaus veröffentlichte er in den Kulturmagazinen des WDR (u. a. „Moasik") zahlreiche Beiträge zu Themen der Region.

REGIONALE 2025
Bergisches RheinLand

Bibliografische Information der Deutschen Nationalbibliothek
Die Deutsche Nationalbibliothek verzeichnet diese Publikation in der Deutschen Nationalbibliografie; detaillierte bibliografische Daten sind im Internet über **http://portal.dnb.de** abrufbar.

1. Auflage 2024
© J.P. Bachem Verlag, Köln 2024
Herausgeber: REGIONALE 2025 Agentur
Lektorat: J.P. Bachem Verlag
Layout: Svenja Klein
Druck und Bindung: Gugler Medien GmbH, Österreich

ISBN 978-3-7616-3476-9

Aktuelle Programminformationen finden Sie unter
www.bachem.de

Sicher. Kreislauffähig. Klimafreundlich.
C2C Certified® SILBER by gugler*
drucksinn.at

Zwischen **Welt-**und **Wochenmarkt**

Ressourcen im Bergischen RheinLand

Detlev Arens

J.P. BACHEM VERLAG

Alles Ressource!

Wasser, Wald und Grünland, Erzgruben und Steinbrüche, Verkehrswege, Flüsse und Talsperren: Alles ist im Bergischen RheinLand reichlich vorhanden. Der Raum ist das Ergebnis seiner natürlichen Ressourcen, ihr Gebrauch bestimmt die heimische Kulturlandschaft.

Die natürlichen Rohstoffe sind Grundlage für das tägliche Leben, als Trinkwasser oder als Sauerstoffquelle und sie knüpfen an die jahrhundertelange Tradition des Raumes an: in Bergwerken und Steinbrüchen, als Zentrum der Schießpulverproduktion oder als Pionierregion im Talsperrenbau. Oft zeigte das Bergische RheinLand immer wieder aufs Neue, wie eine Region mit ihren Ressourcen Wertschöpfung erzielt. Auch die regionale Baukultur mit der Verwendung von Grauwacke und Holz im Fachwerkbau prägte das Bild der Dörfer, der Städte und der Landschaft ebenso wie die Identität der Menschen.

Ressource ist ein Mittel, Mittel zu einem Zweck. Sie kann ein materielles oder auch immaterielles Gut sein. Das sind zum einen die primären Ressourcen, die der Natur entnommen werden und endlich sind wie die fossilen Rohstoffe oder die Mineralien. Zu diesen zählen auch die solar basierten Ressourcen wie Wasser, Wind oder Biomasse, die ständig erneuerbar sind. Der Boden nimmt eine Sonderstellung ein, er ist einerseits endlich, steht aber für Wasser, Wind und Biomasse zeitlich unbeschränkt zur Verfügung.

Um aus diesen Ressourcen nutzbare Produkte und Dienstleistungen zu machen, braucht es die Menschen und ihre Kreativität, Fleiß, Bildung plus die notwendige soziale und technische Infrastruktur. Aber was immer Menschen mit ihren Fähigkeiten anfangen, die primären Ressourcen bleiben ihre Voraussetzung. Selbst in der digitalen Moderne, die sich vermeintlich längst vom Materiellen verabschiedet und ins Virtuelle verlagert hat, ist jede Technik, selbst die Anwendung der künstlichen Intelligenz, noch immer auf wenige natürliche Ressourcen angewiesen. Es gibt keine digitale Welt ohne Sand und Eisen, ohne Salz, Kupfer und nicht ohne Lithium.

Genauso bilden die Ressourcen des Bergischen RheinLandes die Lebensgrundlage seiner Bewohner*innen: Trinkwasser, Energie, Lebensmittel, Wohnungen, Verkehrswege, Schulen, Medizin, alles hängt mit den Ressourcen der Region zusammen. Faszinierend ist die Fähigkeit aller Generationen, auf immer neue Weise damit umzugehen und so Zukunft zu gestalten.

Der Autor Dr. Detlev Arens hat sich mit den heimischen Ressourcen und deren Bedeutung und Nutzung aus historischer Perspektive beschäftigt. Entstanden sind Texte, die sich den Themen unter verschiedenen Blickwinkeln nähern, immer anhand der Spuren und Geschichten, die sie hinterlassen haben, und zugleich mit aufschlussreichen Bezügen zur Gegenwart.

 Natürliche Ressourcen, insbesondere Rohstoffe, sind wesentliche Produktionsfaktoren und damit Grundlagen unseres Wohlstands. Ein schonender und gleichzeitig effizienter Umgang mit natürlichen Ressourcen wird daher eine Schlüsselkompetenz zukunftsfähiger Gesellschaften sein.

(Bundesumweltministerium 2018)

REGIONALE 2025 Bergisches RheinLand

Seit fast 30 Jahren gibt es in Nordrhein-Westfalen die REGIONALE als einzigartiges Strukturprogramm für ausgewählte Regionen. Sie stellt eine Kombination aus aktivierenden, integrierenden und projektorientierten Ansätzen dar. Die REGIONALE 2025 Bergisches RheinLand umfasst 28 Kommunen im Oberbergischen Kreis, im Rheinisch-Bergischen Kreis und im östlichen Rhein-Sieg-Kreis. Die Agentur der REGIONALE berät dabei lokale Akteur*innen aus Politik, Verwaltung, Wirtschaft und Bürgerschaft bei der Planung, Entwicklung und Umsetzung bedeutsamer Projekte.

Die definierten Handlungsfelder für diese Projekte sind: Fluss- und Talsperrenlandschaft, Ressourcen, Wohnen und Leben, Gesundheit, Mobilität sowie Arbeit und Innovation. Das Thema Ressourcen markiert dabei einen entscheidenden Aktivierungs- und Transferprozess unter dem Motto „Alles Ressource! Ressourcenlandschaft im Bergischen RheinLand". Es geht darum, die Ressourcen des Raumes mit innovativen Technologien, Organisationsstrukturen und Ansätzen der Kreislaufwirtschaft ergänzend und über die bisherigen Nutzungsweisen hinaus in Wert zu setzen.

Erneuerbare Ressourcen sind ein zentraler Baustein für eine CO_2-neutrale Versorgung mit Energie, Wärme und Treibstoff. Hier bietet das Bergische RheinLand ein reiches Vorkommen an erneuerbaren und noch nicht genutzten Ressourcen. Dies können ungenutzte land- und forstwirtschaftliche Nebenprodukte oder biogene Reststoffe sein genauso wie Abwärme aus Industriebetrieben. Auch in Abwasser- und Abfallströmen sind Potenziale vorhanden – sei es zur Bewässerung, als Wärme- oder Rohstofflieferant. Es geht darum, klimaschonende und wirtschaftlich tragfähige Lösungen zu entwickeln und umzusetzen, die auf die Besonderheiten und Herausforderungen des eher ländlich geprägten Raumes eingehen und die lokal vorhandenen Ressourcenpotenziale heben.

So entwickelt die REGIONALE 2025 Schritt für Schritt das Zukunftsbild einer Region, die ihre Ressourcen optimal nutzt, um fossile Rohstoffe zu ersetzen und so weniger CO_2 zu emittieren. Darüber hinaus können regionale, erneuerbare Ressourcen einen Beitrag dazu leisten, unabhängiger von globalen Wertschöpfungs- und Logistikketten zu werden.

Die aktuellen Herausforderungen durch den Klimawandel erfordern ein tiefgreifendes Umdenken in Bezug auf die Ressourcenbasis unserer Gesellschaft. Globale und nationale Zielsetzungen, Strategien oder Programme bestätigen die Notwendigkeit eines Umdenkens in der Nutzung der natürlichen Ressourcen. Die Vereinten Nationen zeigen mit 17 Nachhaltigkeitszielen die globalen Leitplanken auf. Die Nachhaltigkeitsstrategie der Bundesregierung setzt diese für Deutschland um. Die EU strebt mit dem „Green Deal" an, zum ersten klimaneutralen Kontinent zu werden. In diesem globalen, europäischen und nationalen Kontext ist es Ziel der REGIONALE 2025, das Bergische RheinLand als Ressourcenlandschaft der Zukunft zu etablieren.

WALD- UND LANDWIRTSCHAFT

Bäume machen den Anfang. Im Bergischen sind das die Laubbäume, jedenfalls unter dem Horizont des „hölzernen Zeitalters", also der Spanne von Menschheitsbeginn bis zur Nutzung der Stein- und Braunkohle. Engste Beziehung zum dörflichen Gemeinschaftsleben haben die beiden Lindenarten. Sie zeichneten auch die Wegekreuze und Kapellen in der Feldflur aus.

Eichen und Buchen bildeten die Hauptpfeiler der menschlichen Ökonomie. Buchen stellten das Brenn-, vor allem das Meilerholz. Zum Buchenwald gehört der Ilex, auch Stechpalme genannt, mit seinem fast exotischen Flair. Eichen dienten vorwiegend als Bauholz, waren aber auch das einträglichste Element der Niederwaldwirtschaft. Gemahlene Eichenrinde (Lohe) war lange ein gesuchtes Gerbmittel bei der Lederherstellung, das zum Waldbröler Koffergewerbe führte.

Wiederum verkohlt wurde ein unscheinbarer Strauch, nämlich der Faulbaum. Er verweist auf die im Bergischen erstaunlich stark vertretene Pulverproduktion. Ins ausgesprochene Offenland führt die Wiesenwirtschaft. Sie war auch im Bergischen mit hoch entwickelten Bewässerungssystemen vertreten, neuerdings leistet das Grasland einen Beitrag zur Papierherstellung. Zum guten Schluss nimmt das Kapitel die Fährte „Haferspanien" auf und versucht sich an einer Deutung des Begriffs.

Lohschälen im Niederwald

Der Gemeinschaftsbaum
Die Linde

Die Botaniker unterscheiden zwischen Sommer- und Winterlinde. Die Poeten ließen diesen Unterschied außer Acht. Doch es bleibt dabei: Der Baum drängt zur Dichtkunst. Denn nur beiläufig sind die Linden Mitglieder von Waldgesellschaften, zu Hause sind sie unter Menschen.

Marialinden: Als der Stadtteil von Overath 1515 urkundlich erwähnt wurde, teilte die Quelle auch noch den ursprünglichen, jedenfalls vorangegangenen Namen mit: „Sevenlinden."

Nicht nur Maria, sondern auch die hochsymbolische Zahl 7 lässt eine Legende erwarten. Es ist eine Variante der Marienbilderzählung. Die Plastik fand sich im (hohlen) Stamm von einem der sieben Bäume. Dort wurde sie geborgen, kehrte aber immer wieder an den Ort ihrer Entdeckung zurück. Bis die Einwohnerschaft endlich verstand: Hier sollte eine Kapelle hin, eine zu Ehren der Gottesmutter.

Tatsächlich war Lindenholz ein beliebtes Schnitzholz und insofern gibt es einen Berührungspunkt zur Legende. Noch wichtiger ist die Nähe des Baums zu den Menschen. Ob „am Brunnen vor dem Tore" oder „vor meinem Vaterhaus": Immer steht die Linde für ein vertrautes, ein Heimatbild. Übrigens dürfte zu dieser Vertrautheit ihr Blütenduft beitragen. Kein anderer Baum kann mit so viel Wohlgeruch aufwarten. Vom Honig ganz zu schweigen.

Und dann auch noch das Laub: Heinrich Heine erklärte die Volkstümlichkeit der Linde mit ihrer Blattform, also mit der (Schief-)Herzblättrigkeit: „Darum sitzen die Verliebten auch am liebsten unter Linden." Daher der Kosename Herzblatt.

Eigentlich lässt sich von der Linde nur Gutes sagen. Wäre da nicht jenes fatale Blatt, das den Tod des Helden Siegfried vorzeichnete. Bei genauerem Hinsehen hat also selbst dieser Baum eine dunkle Seite, aber sie soll den Philologen überlassen bleiben.

Oft steht die Linde wortwörtlich im Mittelpunkt, häufig hat sie das Zentrum des Dorfs gebildet. Als Ort des Gerichts versammelten sich unter ihr Kläger und Beklagte. In dieser Hinsicht ist die Femlinde in Reichshof-Wildbergerhütte der berühmteste Baum im Bergischen.

Die oft sagenumwobene Form der Justiz hatte ihren Schwerpunkt im Westfälischen und Westfalen liegt ja nicht allzu weit von der Reichshofer Ortschaft entfernt. Apropos sagenumwoben: Das Alter dieser Femlinde wird auf über 800 Jahre geschätzt. Nun ist das mit dem Alter von Bäumen oft so eine Sache. Aber wer dieses machtvolle Exemplar gesehen hat, nimmt ihm den Methusalem ohne Weiteres ab.

„Alte Femlinde" heißt im Volksmund ebenfalls der Baum neben der Evangelischen Bartholomäuskirche von (Lohmar-)Wahlscheid. Er ist deutlich jünger als sein oberbergisches Pendant, aber mit rund 450 Jahren immer noch alt genug, um ein heroisches Beispiel für Lebenskraft zu geben.

Auch in den oberbergischen Landschaftsbildern hatten die Linden markante Auftritte.

Im Winter scheint sein Stamm von solcher Gebrechlichkeit, dass sich um den Baum fürchten lässt. Im Sommer aber wirft er sich ins Laub, als könne ihm kein Ungemach die ewige Jugend streitig machen.

Es gibt noch einige solcher Glanzstücke. Nur einige deshalb, weil es eben viele Möglichkeiten gibt, im Weg zu stehen. Umso liebevoller sollte mit den Kaffeetrinker-Linden umgegangen werden. Die Äste dieser Linden wurden so geleitet, dass sie im Kroneninneren Platz für einen Tisch und ein paar Sitzgelegenheiten boten. Erhalten blieben die in Nümbrecht-Bierenbachtal und Waldbröl-Rölefeld. Womöglich waren diese Linden eine Spezialität im Land der Kaffeetafeln.

Ganz zwanglos führt dieser Aspekt unter den Horizont von „Kein schöner Land in dieser Zeit", besonders mit dem Verspaar: „Wo wir uns finden / wohl unter Linden." Das Lied des gebürtigen Waldbrölers Wilhelm von Zuccalmaglio (1803–1869) bekräftigt noch einmal: Linden stiften Gemeinschaft.

Unverzichtbares Bauholz
Nachrichten aus dem Eichengrund

Anders als die Buche herrscht die Eiche über keinen Waldtyp absolut. Dafür gibt es die imposanten Einzelbäume ganz ohne Waldzusammenhang. Mancher Feinschmecker entdeckt sogar die alte Volksweisheit wieder neu: Auf den Eichen wachsen die besten Schinken.

Die alten Eichen am Siegufer von Windeck-Stromberg sind nicht nur ein Naturdenkmal, sondern auch ein kulturhistorisches Zeugnis erster Güte. Schon 1131 hatte hier das Bonner Cassius-Stift Besitz, hier ließen die Stiftsherren Eichen pflanzen, offenbar zum Zweck der Schweinemast.

Damit wird eine Bestimmung der Eiche genannt, die neuerdings wieder mehr im Gespräch ist. Über den Umweg des Borstenviehs diente die Eiche zur Ernährung der Menschen. Die schriftlichen Quellen belegen, dass sich die Bedeutung der Eichelmast kaum überschätzen lässt. Sie war ein gutes Geschäft für die Eichen-Eigentümer. Gar nicht so selten übertraf der Pachtertrag ihren Gewinn aus dem Holzschlag. Und das bei der Eiche, die eine derart herausragende Rolle als Bauholz spielte. Ganz zu schweigen von ihrem verdeckten Beitrag: Das dauerhafte Holz ermöglichte vielerorts erst, Bauwerke in sumpfigem Gelände zu gründen. Auf Eichenpfählen steht nicht nur die Hamburger Speicherstadt, sondern auch der Altenberger Dom und die Bergisch Gladbacher Zanders-Bauten.

Ernährung und Behausung: Beides erklärt, warum die Eiche eigens gefördert wurde. Denn gefördert werden musste sie, weil ihr die Buche den Lebensraum streitig machte. Doch auch im Bergischen kam ihr die Niederwaldwirtschaft zugute. Und so fragt sich mancher Botaniker, ob die Eichen-Hainbuchen-Gesellschaften nicht ein eigenständiger Waldtyp, sondern durchgewachsene Niederwälder sind.

Besonders naturverbunden aber sind die Eichen durch ihre außerordentliche Bewohner-Vielfalt. Kein anderer Baum kann in dieser Hinsicht mithalten. Das liegt auch an ihrer langen Entwicklungsgeschichte. Bedeutend früher als die Buche war sie an den heimischen Wäldern beteiligt, bot also über eine lange Zeit Gelegenheit zur Koexistenz.

Unabhängig von der Waldhistorie verfügen die reifen Exemplare über jene stark rissige Rinde, die vielen Lebewesen Unterschlupf gewährt. Keine Biodiversität ohne Kehrseite: Der Eichenprozessionsspinner nährt sich von den Blättern des Baums und hat sich mancherorts zuletzt stark vermehrt. Die Brennhaare seiner Raupe können beim Menschen böse Hautentzündungen verursachen.

Es war lange so, dass die Eiche nach der Fichte die zweithäufigste Baumart im Bergischen stellte – möglicherweise ein Erbe der Niederwaldwirtschaft. Allerdings unterteilt sich „die Eiche" in zwei heimische Arten: in

Stiel- und Traubeneiche. Sie sehen einander sehr ähnlich, haben aber ihre Namen nach dem sichersten Unterscheidungsmerkmal erhalten. Bei der Traubeneiche stehen die Früchte eng zusammen, bei der verwandten Art hängen sie an einem längeren Stiel.

Holztransport zum Bahnhof Hennef, 1924

Geht es nach den registrierten Einzelbäumen, beherrscht die Stieleiche entschieden das Feld. Zu dieser Art gehört auch das Exemplar bei Overath-Bernsau, im Volksmund Dicke Eiche genannt. Ihr Alter wird auf 500 bis 600, manchmal sogar 800 Jahre geschätzt. Sie ist allerdings durch die Stürme des Jahres 2020 stark in Mitleidenschaft gezogen worden, aber trotz Kronenbruchs lebt sie noch.

Diese Zählebigkeit zeichnet die Eichen aus, auf sie geht die hohe Symbolkraft des Baums zurück und das keineswegs nur im hiesigen Sprachraum. Immerhin galt die „deutsche Eiche" lange als eine Art Nationalbaum. Im bergischen Heimatlied des Rudolf Hartkopf schirmt sie das Kinderbett des fiktiven Bergers: „Wo im Schatten der Eiche die Wiege mir stand." Nicht immer weist Pathos den sichersten Weg in die Muttersprache.

„Mutter des Waldes"
Die Buche und ihre Begleiter

Kein Zweifel: Aus Sicht seiner Naturausstattung ist das Bergische RheinLand ein „klassisches" Rotbuchenland. Bekanntlich steht die Realität dieser Sicht oft entgegen. Dennoch soll bei der Buche nicht nur vom Baum selbst, sondern auch von seinen Wäldern die Rede sein.

Oft genug wurde sie inzwischen nachgezeichnet: die rasche Verdrängung der Buche, nachdem die Fichte im 19. Jahrhundert zum Erfolgsmodell des Waldbaus aufstieg. Und schon ist die Rede davon, dass der Rotbuche ein Fichtenschicksal drohen könnte. Es stellt sich eine Frage mit katastrophischem Unterton: Wie viel Klimakrise verträgt die Buche?

Aber von vorn: Waldgeschichtlich ist der Siegeszug des Baums recht jungen Datums. Jedenfalls so jung, dass zu seiner Unaufhaltsamkeit auch der Mensch beigetragen haben könnte. Seine frühen Siedlungsgewohnheiten kamen ihm entgegen. Natürlich spielt auch seine Konkurrenzstärke eine Rolle. Rotbuchen ertragen Schatten anfangs ebenso stoisch, wie sie ihn später machtvoll werfen. Ihre Kronen greifen derart weit seitlich aus, dass andere Gehölze kaum dagegen ankommen. So müsste – Konjunktiv – der Buchenwald über gut zwei Drittel Deutschlands die Oberhand haben.

Jahrhundertelang war Buchenholz Meilerholz. Das gilt gewiss für das montangeprägte Bergische Land. Noch heute zeichnen sich die verebneten, oft kreisrunden Plätze (Köhlerplatten) im Gelände ab. Wenn das Laub zur Seite gescharrt wird, tritt schwarze Erde zutage, die vom Holzteer dunkle Bodenschicht. Zwei Meilerplätze am Fuß des (derzeit kahl geräumten) Unnenbergs geben sich sogar durch verkohlte Holzstückchen zu erkennen.

So wie Wald nicht gleich Wald ist, ist auch Buchenwald nicht gleich Buchenwald. Er behauptet sich auf vielen Standorten, deren unterschiedliche Ausstattung sich in den Pflanzen widerspiegelt. Die häufigste Gesellschaft im Bergischen ist der Hainsimsen-Buchenwald, ein Wald, der auf nährstoffarmen, sauren Böden wächst. Und nicht nur im Bergischen ist er am weitesten verbreitet, sondern auch in der ganzen Republik. Etwas überspitzt lässt sich sagen, dass er der typische deutsche Wald ist. Bei Leichlingen ist ihm wuppernah ein Lehrpfad gewidmet.

Es bleibt anzumerken, dass die besser ausgestatteten Buchenwälder auch im Bergischen ihre Standorte haben. So lassen die Waldgersten-Buchenwälder auch hier die Herzen höherschlagen. Denn im Frühling präsentiert sich ihre Krautschicht in einer Blütenpracht, die ihresgleichen sucht. Allerdings endet ihr oberirdisches Wachsen und Gedeihen, wenn das voll belaubte Kronendach alles Licht abfängt und die Fotosynthese unterbindet. Dann sind diese Pflanzen tatsächlich „wie vom Erdboden verschwunden".

Fast beschwörenden Charakter haben Hinweise auf die vielseitige Verwendbarkeit von Buchenholz. In der Vergangenheit haben es die Sägewerke nicht eben mit offenen Armen aufgenommen. Doch beispielsweise findet heute der Rotkern, früher als Makel wahrgenommen, das dezidierte Interesse der Möbelindustrie – und verbessert die „Performance" der Buche. Als bittere Pointe lässt sich verstehen, wenn die Erlöse fürs Buchenbrennholz von den sehr hohen Marktpreisen für Öl und Gas profitieren.

Während der letzten Dürrejahre hat der Baum an trockenen Standorten sehr gelitten. Das gilt vor allem für die stark aufgelichteten Partien. So schwankt das Bild der Buche unter den Forstleuten. Für einige ist sie dennoch ein Baum der Zukunft, für andere ein potenzielles Opfer des Klimawandels. Wenigstens könnte zunächst auf einen dichteren Bestandesschluss hingewirkt werden. Denn nicht nur wirkt sich das Klima auf den Wald aus, sondern auch der Wald auf das Klima.

ILEX ODER STECHPALME

An diesem Exemplar blieb der Name des Enthusiasten hängen: Dr. Foerster-Hülse. Es findet sich in Kürten-Mittelenkeln und außerhalb des (Buchen-)Waldzusammenhangs, in den die Art eigentlich gehört. Der uralte Baum (geschätzt 800 Jahre) ist allerdings nur mehr ein Schatten seiner selbst, genauer wäre es, wenn er nicht aus eigener Wurzel am gestützten Hauptstamm einen stattlichen Busch getrieben hätte.

Hülse ist nur der dritte, aber der früher doch volkstümliche Name. Als Hülsenbusch ist er im Bergischen RheinLand gleich zweimal präsent, wovon der eine Ort zu Gummersbach, der andere zu Hückeswagen gehört. Heute heißt das Gehölz wahlweise Stechpalme oder Ilex und verleiht so seinem Träger ein exotisches Flair. Ohne Vergleich sind hierzulande seine oberseits lackglänzenden, immergrünen Blätter mit dem bestachelten Rand. Wie zur Bekräftigung des abweichenden Aussehens hat der Ilex in unseren Breiten keinerlei botanische Verwandtschaft. Wohl aber in tropischen Gefilden. Ihm stehen die Kaffeepflanze und die Matesträucher nahe.

Der Blick über den bergischen Tellerrand zeigt noch etwas Interessantes: An der Westküste Norwegens dringt der Ilex immer weiter nach Norden vor, in Schweden breitet er sich nach Osten aus. Er ist nicht nur ein in vieler Hinsicht auffälliges Gewächs, sondern auch ein Kronzeuge des Klimawandels.

Hoch- und Tiefbau

Die Köhler und ihre Kohle

Der Titel nutzt die Doppeldeutigkeit: „Wir machen Kohle" hieß es vor wenigen Jahren im Naturpark Bergisches Land. Am Waldlehrpfad von Reichshof-Eckenhagen steht ein Schaumeiler nebst Köhlerhütte, selbstverständlich mit einer Schautafel zum „alten, traditionellen Handwerk".

Wo immer heute ein Holzkohlemeiler angelegt wird, hat er großen Zulauf – auch unabhängig von der Aussicht, dass sich mit seinem Produkt der heimische Grill befeuern lässt. Was die „traditionellen" Köhler angeht, haben sie Kohle wohl im wörtlichen, keineswegs aber im übertragenen Sinn gemacht. Sie hielten sich mit der Köhlerei bestenfalls knapp über Wasser. Armut diskriminiert, aber auch ohne diesen Makel sahen die Mitmenschen auf die Köhler herab. „Hundert Köhler, 99 Spinnerte" ließ sich der Volksmund vernehmen. Tatsächlich war Köhler ein Beruf, der auch die Psyche forderte. Wenn der Meiler schwelte, hatte der Köhler einen 24-Stunden-Tag und litt notorisch unter Schlaflosigkeit. Sein verrußtes Äußeres befeuerte die Kinderfurcht vorm Schwarzen Mann. Dass er sein Gewerbe fernab der Siedlungen trieb, stellte ihn außerhalb der dörflichen Gemeinschaft.

Im klaren Gegensatz zum Ansehen des Köhlers stand, dass seine Arbeit ein hohes Maß an Kenntnissen forderte. Einerseits musste verhindert werden, dass der Brand im Meiler erlosch, andererseits durften keine Temperaturen erreicht werden, die den Brand zu Asche werden ließen.

Immer aber ist das Bild vom Köhler fest mit seinem Meiler verbunden. Doch gab es Meiler erst seit dem ausgehenden Mittelalter, sie sind also im Vergleich zur langen Nutzung der Holzkohle recht späten Datums. Zuvor wurde das Holz in Erdlöchern verschwelt, die sich allerdings heute nur schwer nachweisen lassen. Gleichwohl haben die Archäologen auch im Bergischen einige Belege dafür gefunden, dass der Einsatz von Holzkohle schon zur Zeit des „Tiefbaus" im Schwange war.

Leichter aufzufinden sind die oberirdischen Meilerplätze. Annähernd kreisrunde, ebene Flächen an den Tallehnen zeugen vom Aufbau der Kegel. Zwar hatte das Fichtensterben im Gefolge, dass einige Spuren verwischt worden sind, doch blieben ihre Podien in vielen Hängen erhalten. Manchmal genügt ein Stolpern im abschüssigen Gelände und der haltsuchende Fuß fördert ein paar Holzkohlestückchen zutage.

Viele Meilerplattformen konnten im Bergischen nachgewiesen werden. Im Raum Overath oder Hückeswagen lagen sie besonders dicht beieinander. Zwar steht eine systematische Erfassung noch aus, doch spiegelt die Vielzahl der Fundplätze die überragende Rolle der Holzkohle wider, vor allem bei der Eisengewinnung und -verhüttung.

Die leichte Holzkohle ließ sich kostengünstiger transportieren als Holz, sie diente als Reduktionsmittel bei der Gewinnung von Eisen, dessen Erz nur in oxidierter Form vorlag. Ganz wichtig: Holzkohle war energiereicher als das Ausgangsmaterial. Nur mit ihr konnten Temperaturen von 700 bis 800 Grad Celsius erzeugt werden, bei denen im Rennofen eine schmiedbare Eisenluppe zurückblieb.

Fast folgerichtig ist vom Raubbau die Rede, manchen Baumbeständen ging die Verkohlung offenbar an die Substanz. 1572 erließ der bergische Landesherr eine rigide „Kohlordnung" für seine Ämter Steinbach, Porz und Windeck. Wie aus der Zeit gefallen wirkt der Bürgermeisterbescheid aus Lindlar. Er gestattete noch 1897 die Anlage eines Meilers.

Aufbau eines Meilers, um 1935

Gefahrvolles Mahlgut
Die Pulvermühlen

Wer alle Betriebsorte bergischer Pulverherstellung ermitteln will, kann leicht an ihrer Vielzahl scheitern. Außerdem war sie ein äußerst gefährliches Handwerk, das ganz schlecht mit einem romantisch verklärten Bild der Mühle harmoniert. Dagegen lässt sich das technische Synonym „Zerkleinerungsanlage" leicht auf das Bauwerk selbst beziehen.

Faulbaum heißt der Strauch wegen des üblen Geruchs seiner Rinde, die dennoch einen guten Ruf als Hausmittel hatte. Nur erklärt sein arzneiliches Potenzial die herausragende Rolle beim Pulvermachen natürlich nicht. Aber schon der Renaissance-Gelehrte Pier Andrea Mattioli wusste vom Faulbaum: „Das Holz ist mürb." Deshalb eignete sich seine Kohle besonders für die Herstellung von Schwarzpulver: Sie verbrannte nahezu rückstandslos. Kein Wunder also, dass der Faulbaum im Bergischen derart geschätzt und ungeachtet seiner reichlichen Wildvorkommen sogar angebaut wurde. Denn die Pulverproduktion war hier ein wichtiger Erwerbszweig.

Zum Produkt gehören neben Holzkohle noch (Kali-)Salpeter und Schwefel. Schwarzpulver heißt es wohl nach seiner Farbe und sicher nicht nach einem ominösen Franziskanermönch Berthold Schwarz, dem die Erfindung lange zugeschrieben wurde. Gebräuchlich war auch der Name Schießpulver, etwa ab 1400 verlieh es den Geschossen der Feuerwaffen ihre Durchschlagskraft.

Die Zutaten mussten fein zerkleinert und gemischt werden, eben dazu war die Pulvermühle nötig. Eine der ersten entstand um 1430 an der Strunde, Betreiber war ein Pulvermacher aus Köln. Seine Stadt sollte sich zu einem Zentrum des Pulverhandels entwickeln. 1484 erscheint in den Urkunden auch ein Hückeswagener „Büchsenmacher", der Pulver herstellte.

Das Dokument spricht von einer „kruytmole" und vom Produkt als „bussenkruyd" (Büchsenkraut).

Die Belege häufen sich für das 17. Jahrhundert, gleichzeitig häufen sich die Nachrichten von Unglücksfällen. Sie vermitteln eine Vorstellung davon, wie gefährlich der Umgang mit dem explosiven Material war. Wenigstens erlaubten es die vielen kleinen Wasserläufe, die Mühlen weitab von den Siedlungen anzulegen. Später boten auch massive Wälle Schutz.

Wichtig war außerdem, die Druckwelle einer Explosion in gewisser Weise zu lenken. Die Mühlen sahen zu diesem Zweck eine dünne Wand vor, auch ein verbrettertes Dach sollte größerem Schaden vorbeugen. Für die Arbeit selbst galten strenge Vorsichtsmaßnahmen. Natürlich durfte nicht mit offenem Feuer hantiert werden. Aus Furcht vor dem Funkenflug waren sogar genagelte Schuhe tabu, vom Rauchen ganz zu schweigen.

Eine auffällige Verdichtung der Pulvermühlen lässt sich im Bereich der heutigen Dhünn-Talsperre feststellen. Entlang des Wasserlaufs sollen im sogenannten Helenental 23 Mühlen gestanden haben. Die Konzentration auch in dieser Branche führte dazu, dass die hiesigen Anlagen 1873 unter das Dach einer Aktiengesellschaft kamen, die „Vereinigten Rheinisch-Westfälischen Pulverfabriken" waren ein Jahr zuvor gegründet worden. An sie ging ebenfalls die wohl bekannteste bergische Pulvermühle, sie stand im Windecker Elisenthal. Dass von ihr noch eine recht imposante Ruine zeugt, hat auch mit ihrem jungen Alter zu tun. Erst 1869 wurde sie eingerichtet.

Ebenfalls ein Zentrum der Pulverherstellung war das bergisch-märkische Grenzgebiet im oberen Tal der Wupper (Wipper). Die verschwägerten Familien Cremer und Buchholz beherrschten hier über viele Jahre so souverän des Geschäft, dass vom „Buchholzer Königreich" die Rede war. Hier blieb auch das schmuckste Zeugnis des Gewerbes erhalten: Die Fabrikanten-Villa ist das heutige Bergisch-Märkische Pulvermuseum in Wipperfürth-Ohl. Ein schöner Ort, um das Bergische als Zentrum der Pulverfabrikation zu würdigen. Mit dem Ende des Ersten Weltkriegs sollte sie ihr Ende finden.

Villa Ohl, einst repräsentiver Fabrikantenwohnsitz, heute das
Bergisch-Märkische Pulvermuseum

Geducktes Holz
Der Niederwald

Niederwald, das scheint ein Widerspruch in sich. Nach heutigem
Verständnis kann von Wald nur bei hochgewachsenen Bäumen
die Rede sein. Tatsächlich gilt der Niederwald als „forstwirtschaftliche Betriebsart" und er war eine sehr weitverbreitete.

„Gespensterbäume" nennt sie der Volksmund und manches Nebel-
bild kann die unheimliche Gestalt bestätigen. Vier oder fünf oft gleich
mächtige Stämme wachsen hier aus einem Wurzelstock. Sie laden so
mächtig aus, dass einem um die Statik des Ensembles angst und bange
werden kann.

Schon mancher hat in diesen Bäumen eine Manifestation ursprünglicher Natur erblickt. Der Eindruck täuscht. Denn ursprünglich waren sie für solchen Höhenwuchs gar nicht vorgesehen. Vielmehr sind sie aus dem Stockausschlag eines Niederwalds hervorgegangen und hätten eigentlich nach 20 Jahren als Stämmchen geschlagen werden sollen.

Wer vom Niederwald spricht, darf bei den Gehölzen nicht stehen bleiben. Er war meist eine Mischform aus Wald- und Landwirtschaft. Sobald die Bäume nicht mehr durch Verbiss geschädigt werden konnten, wurde das Vieh eingetrieben. Unmittelbar nach der Holzernte war es sogar für ein, zwei Jahre möglich, zwischen die gelichteten Reihen Roggen oder Buchweizen zu säen.

Ganz wichtig: Eine wirkliche Niederwaldwirtschaft brauchte Zusammenhalt. Nur die Vielzahl von Beteiligten ermöglichte eine effiziente Nutzung, alle mussten sich an das vereinbarte Vorgehen halten. Die große Fläche wurde in Schläge eingeteilt, die in bestimmter Reihenfolge bis zur Hiebreife gediehen. Nach Natur sah das eher nicht aus.

Die Bäume, meist Eichen und Birken, wurden nach 15–20 Jahren geerntet. Meist dienten die Stämmchen, also der Stockausschlag, zum Heizen, aber auch über den Umweg der Köhlerei als Energieträger. Ein paar „Überhälter" blieben verschont, diese Eichen wurden als Bauholz benötigt. Ihre Eicheln waren für die Schweinemast begehrt. Im Niederwald hatten die Bäume nicht genug Zeit, um Früchte zu bilden.

Dafür musste auch nicht generationenlang auf die Baumernte gewartet werden, bei dem vielen Kleinholz kam doch eine ansehnliche Menge zusammen. Ein wichtiges Zubrot war lange die Eichenrinde der immer jungen Bäume. Sie ließ sich zu einem vorzüglichen Gerbmittel verarbeiten. Unterm Strich zählte die Lohe zur wichtigsten Einnahme aus den Niederwaldbeständen.

Eine solche Nutzung war ganz auf die Bedürfnisse einer bäuerlichen Gemeinschaft zugeschnitten. Im Idealfall wurde alles verwertet, nichts weggeworfen. Noch einmal, die Niederwaldbewirtschaftung funktionierte nur als Gemeinschaftsunternehmen. Gerade darin sahen ihre Gegner die Achillesferse: Wie die „allgemeine Erfahrung" lehre, wäre der gemeinsame Besitz das sicherste Mittel, ihn zu ruinieren.

Der jungen Forstwirt- und Forstwissenschaft um 1800 war jedenfalls der Niederwald ein Dorn im Auge. Ihre Anhänger wollten mit aller Macht die „Betriebsart" Hochwald durchsetzen. Nicht zuletzt deshalb wurde der Fichtenanbau so zügig vorangetrieben. Das Nadelholz ließ der Waldweide, einer bäuerlichen Nutzung keine Chance.

Auch spätere Naturschützer taten sich lange schwer mit dem Niederwald, hängten ihm sogar das böse Wort Raubbau an. Doch für ihn spricht, dass er etlichen Pflanzen und vor allem Tieren diverse Lebensräume bot, die ohne seine ganz eigene Vielfalt nicht überleben konnten. Das gilt allen voran für das äußerst rare Haselhuhn, das – wenn überhaupt – nur in Niederwäldern noch eine Heimat findet.

Die Niederwaldwirtschaft um Waldbröl liegt heute nur noch in den Händen der „Waldnachbarschaft Bladersbach". Auf der Nutscheid bewirtschaften ihre knapp 30 Mitglieder einen Birken-Eichen-Niederwald im Naturschutzgebiet Galgenberg. Nur gibt es in Waldbröl heute keine Gerbereien mehr, denen sie die Eichenrinde (Lohe) zuliefern könnten.

Im Niederwald stand das Entrinden junger Eichen im Vordergrund.

Zeitreise mit Koffern
Das Waldbröler Ledergewerbe

Wenig erinnert heute an dieses „Klein Offenbach" im Oberbergischen. Aber dank der „Waldbröler Geschichtsstationen" (samt der App DigiWalk) hat die einst florierende Lederindustrie doch wieder einen Platz im Stadtgedächtnis.

Das innere Rund der Kreisverkehre eignet sich gut für die Selbstdarstellung einer Stadt. Das ist beim „Wiedenhof"-Kreisel nicht anders. Er liegt ein wenig abseits, also nicht an der (lange leidgeprüften) Hauptstraße von Waldbröl. Der ruhigere Verkehrsfluss hier erlaubt eher, eine nicht ohne Weiteres sinnfällige Apparatur ins Auge zu fassen. Denn ein imposantes Denkmal ist die hier aufgestellte Stanzmaschine der letzten Waldbröler Lederwarenfabrik zweifellos.

Selbst der Standort passt, weil er nahe am Wiedenhofpark liegt. Der zugehörige Bach ist außerhalb der Anlage verrohrt, soll aber später das Stadtbild wieder bereichern. Auch er hat eine Beziehung zur Waldbröler Gerberei-Tradition: Das Wasser des Bachs floss durch die Lohegruben der hiesigen Tierhautproduzenten. Recht lange, nämlich bis in die 1970er-Jahre wurde in Waldbröl noch Leder hergestellt.

Demnach ließe sich erwarten, dass die Waldbröler Gerber am Aufstieg Waldbröls zu einem „Klein Offenbach" ihren Anteil hatten. Doch als hier der Stern des lederverarbeitenden Gewerbes aufging, überstieg dessen Nachfrage die Möglichkeiten der Zulieferer vor Ort. Der Ruhm Waldbröls gründete eben nicht auf dem Leder, sondern auf den Lederwaren.

Im Zentrum entstand 1914 die Firma Karl Barth. Der Beginn des Ersten Weltkriegs im gleichen Jahr machte deutlich, wo der Gründer die Absatzchancen sah. Allerdings musste sich seine „Militäreffekten-Fabrik" nach dem Krieg andere Geschäftsfelder erschließen. Die Umstellung gelang, wie der stattliche Fabrikneubau von 1928 zeigte.

Übrigens passte die jetzige Adresse Bahnhofstraße gut zu Barths Orientierung auf Reiseutensilien, vor allem auf Koffer. Hinsichtlich der Mitarbeiter gab es doch eine Verbindung zu den Waldbröler Gerbereien. Mehrere Beschäftigte wechselten in den florierenden Geschäftszweig.

Die Produkte der Firma trugen den Namen „Berggold", das Unternehmen konnte sich schnell beachtliche Marktanteile sichern. Der Erfolg stachelte die örtliche Konkurrenz an: Auch die Produkte des Unternehmers Karl Böker fanden in den Fachgeschäften rasch Zuspruch. Vor seiner Villa steht heute die „Geschichtsstation 15" der Stadt.

Eine vorläufig gesicherte Zukunft bescherte der hiesigen Lederindustrie eine erneute Auseinandersetzung: der Zweite Weltkrieg. Wieder stand die Produktion ganz im Zeichen der „Militäreffekten", wieder stand (nach 1945)

Nicht nur Waldbröl: Kofferproduktion der Firma Offermann, Bergisch Gladbach

die Ausrichtung auf den zivilen Markt an. Als Waldbröl 1957 zur Stadt erhoben wurde, wies die Statistik noch fünf Gerbereien und acht lederverarbeitende Betriebe aus. Mit der Zeit sollten ihnen die günstigeren Lederwaren-Importe immer mehr zusetzen. Eine Rolle spielte wohl auch die Konzentration auf das Versandgeschäft unter Vernachlässigung des Fachhandels. Die Abhängigkeit von den großen Abnehmern steigerte den Preisdruck.

Am zähesten hielt sich die Firma Karl Barth, doch auch sie musste 1987 aufgeben. Länger konnten sich die einschlägigen Unternehmen im Umland halten. 2010 schloss der Betrieb Hochweiler im Ortsteil Schnörringen, mit ihm ging die Lederwarenproduktion Waldbröls zu Ende.

Dem Schnörringer Unternehmen verdankt der Kreisverkehr Wiedenhof seine Stanzmaschine. Und so lange ist es noch nicht her, dass die letzten Zeugnisse im Zentrum verschwanden. Als das „Gemäuer" der Kofferfabrik Barth 2003 gesprengt wurde, weckte das jedenfalls in den Überschriften der Lokalpresse „wehmütige Erinnerungen".

Lichtblicke, grasgrün
Offenland

Nach dem Zweiten Weltkrieg mussten immer mehr Landwirte einsehen, dass es hier zur Viehhaltung keine Alternative gab. Seit je herrschen im Bergischen die geringen Parzellengrößen vor und so prägt das kleinteilige Mosaik von Wiesen und Weiden heute weite Teile der Region.

Wässerwiesen: Auch im Bergischen waren sie vorzeiten fast so weitverbreitet wie der Niederwald. Gräben für den Durchfluss, Schütze oder Wehre für den Stau sorgten für eine räumlich und zeitlich gesicherte Wasserversorgung des Grünlands. Dabei ging es im regenreichen Bergischen weniger um die (knappe) Ressource Niederschlag als vielmehr um den Dünge-Effekt. Mit dem Wasser kamen die Nährstoffe, die den Ertrag der Wiesen steigerten. Genauso wichtig wie die Be- war die Entwässerung. Für die Heuernte brauchte es trockene Wiesen.

Der stark gesplitterte Besitz legte die Bildung von Genossenschaften nahe, um das Grünland rationell zu bewirtschaften. Pläne im Landesarchiv von Nordrhein-Westfalen (Abteilung Rheinland) belegen, dass der gemeinschaftliche Wiesenbau im ganzen Bereich Oberberg viele Anhänger hatte. Die Dokumente stammen meist aus den 1850er- und 1860er-Jahren, heute zeugen vom Wiesenbau nur wenige Spuren. Umso verdienstvoller ist die Initiative eines Gummersbacher Landwirts, der diese Nutzung wieder aufgenommen hat.

Der Siegeszug des Kunstdüngers ließ den Wiesenbau in Vergessenheit geraten; bekanntlich wies die Industrialisierung der Landwirtschaft eine andere Richtung. Zwischenzeitlich diente die Milchquote als Instrument, um die Viehhaltung rentabler zu machen. Die betriebswirtschaftlichen Zwänge trugen dazu bei, dass die Wiesen immer uniformer wurden. Fortan gaben die Futtergräser den (Farb-)Ton an. Und wo der Löwenzahn einen triumphalen Auftritt als „Blütenteppich" hat, nährt seine gelbe Pracht den Verdacht auf Überdüngung.

Um Missverständnissen vorzubeugen: Allein die Bewirtschaftung erhält die Anmut des Landschaftsbilds, für das der rege Wechsel von Offenland und Wald charakteristisch ist. Übrigens stellt sich die interessante Frage, seit wann dieses Offenland durchgängig grün ist. Lange prägten auch die trockeneren und als Äcker genutzten Partien mit diversen Brauntönen das Landschaftsbild. Viel spricht dafür, dass diese Flächen wenigstens im Bereich Oberberg erst nach dem Zweiten Weltkrieg mit Gras eingesät wurden.

Doch auch hier hat die Nutzung eine Kehrseite: Die „bunten Wiesen" sind stark zurückgegangen. Nicht nur verschwanden sie durch die intensive Düngung, sondern auch durch das Brachfallen ihrer Standorte oder gleich durch deren Umwandlung in Fichtenforste.

Ob die bescheidenen Parzellengrößen ihren Anteil daran hatten, dass sich im Bergischen gleichwohl artenreiche Wiesen und Weiden finden lassen? Es gibt sie noch, die Hangwiesen mit ihrem frühsommerlichen Blütenbunt und es gibt die Auen noch, denen die rosa Blütenähren des Schlangen-Knöterichs einen besonderen Zauber verleihen.

Wenn sie erhalten werden sollen, muss auf die volle Breitseite ertrags- steigernder Mittel verzichtet werden. Eine wichtige Rolle spielt der Ver- tragsnaturschutz, der die Pflege solcher Flächen vergütet. Hier fällt oft der Begriff Entschädigung, er zeigt in eine falsche Richtung.

Selbst am anderen Ende des Grünland-Fächers hat sich eine neue, eine technische Nutzung aufgetan. Da hat ein Hennefer Unternehmen heraus- gefunden, wie sich Papier umweltschonender herstellen lässt. Durch den Zusatz von speziell aufbereiteten Grasfasern wird weniger Zellstoff aus Holz benötigt, Bäume bleiben also verschont. Darüber hinaus fällt der Energieaufwand beim Produktionsprozess geringer aus.

Haferspanien

Ein Namensrätsel

Über die eine oder andere bergische „Schweiz" wird sich kaum jemand wundern, wohl aber über ein bergisches „Haferspanien". Stutzen lässt, dass zu seiner Erklärung stets eine sagenhafte Ge- schichte bemüht wird. Hier folgt ein Versuch, ihren historischen Kern zu ergründen.

Doch die Erzählung zuerst. Landesherr Jan Wellem stand zwar im Ruf der Volkstümlichkeit, war aber auch wie andere seinesgleichen stets auf neue Einnahmen erpicht. Das kostspielige Leben eines Barockfürsten gab den

Anstoß, die Ertragskraft seiner Länder genauer unter die Lupe zu nehmen. Selbstredend zielte die Aktion auf Erhöhung der Steuer- und Abgabenlast. Allerdings ging er einen ungewöhnlichen Weg: Er verfügte, dass ihm jedes Amt ein Brot schicken solle, nach dessen Beschaffenheit er den künftigen Tribut festzulegen gedenke. Hier kommt nun Ritter Huhn (Hoen) ins Spiel. Er hatte die Idee, seinem Landesherrn einen Haferkloben zu schicken. So könne sich der Landesherr die Armut des Amtes Windeck gewissermaßen auf der Zunge zergehen lassen. Tatsächlich fiel die Steuer für die hiesigen Untertanen erträglich aus.

Vom Ritter Huhn weiß die Überlieferung, dass ihn auch zu anderen Gelegenheiten der Hafer stach, aber natürlich ist dieses Rispengras ein untaugliches Brotgetreide. Wahr ist ebenfalls, dass die armen Böden Oberbergs meist nur seinen Anbau zuließen. Dennoch fallen einige Einschränkungen auf, etwa die in der „Topographia Ducatus Montani" des Erich Philipp Ploennies, erschienen 1715. Der Text in seinem Kartenwerk vermerkt zu Windeck: „Dieses Ambt, obgleich darinnen mehrentheils Haber wächßt, ist jedoch gut, weilen die Leut darin fleißig und mit Viehzucht und Handel den Mangel zu ersezzen suchen."

Die Passage lässt nicht auf besondere Armut schließen, aber auf die Notwendigkeit, den naturgegebenen Nachteil zu kompensieren. Einen interessanten Hinweis liefert Hans Gerd Sjut Engelhardt. 1964 schließt er vom Hafer auf die bergischen Fuhrleute: „Mit der starken Pferdehaltung stimmt die Hauptanbaufrucht in vortrefflicher Weise überein. […] Im Oberbergischen Land stand bis zur Mitte des vorigen Jahrhunderts, vielfach noch länger, der Anbau von Hafer an erster Stelle. Danach wurde das Oberbergische auch ‚Haferspanien' genannt."

Selbst hier fällt der Name Haferspanien, nur dass auch hier der Hafer nicht für die Armut Oberbergs steht. Dennoch ist der Sage in dieser Hinsicht zu trauen: Bei herrschender Realerbteilung wurden hier die Flächen immer kleiner und das führte bei der Unwirtlichkeit des Landstrichs rasch zu unwirtschaftlichen Betriebsgrößen.

Das anspruchslose Getreide ist als Charakteristikum der Gegend unstrittig. Aber: Wie kommt der Hafer zu Spanien? Leider fehlen dazu die Erklärungen, der Name wird als gängig vorausgesetzt. Eine frühe Erwähnung des Begriffs findet sich in dem 1848 erschienenem Buch „Die volksthümlichen Benennungen im Königreich Preussen" von Ludwig Vollrath Jüngst. Die einschlägige Textpassage lautet: „Der Kreis Waldbröhl heißt beim Volke das Oberbergische, ehemals wegen seiner Unfruchtbarkeit auch Haferspanien."

Ein vager Hinweis führt dann doch wieder unter dem Horizont der Sage, also zum unvermeidlichen Jan Wellem, respektive seiner spanisch-habsburgischen Verwandtschaft: Schwester Maria Anna war mit König Karl II. von Spanien verheiratet. Und sie hatte sich – allerdings vergeblich – bemüht, ihren Bruder als Statthalter von Spanien einzusetzen.

Demnach wäre „Haferspanien" ein Neckname gewesen: statt des üppigen Königreichs nur das karge Oberberg. Damit aber hätte der Seitenhieb eher auf den Landesherrn als seinen Landesteil gezielt. Nur wie gesagt: Das ist eine bloße Vermutung. Die Historiker sind aufgerufen, nach handfesteren Zusammenhängen Ausschau zu halten.

Wurde doch kein Statthalter von Spanien, Jan Wellem in einem zeitgenössischen Stich.

LEBENSMITTEL

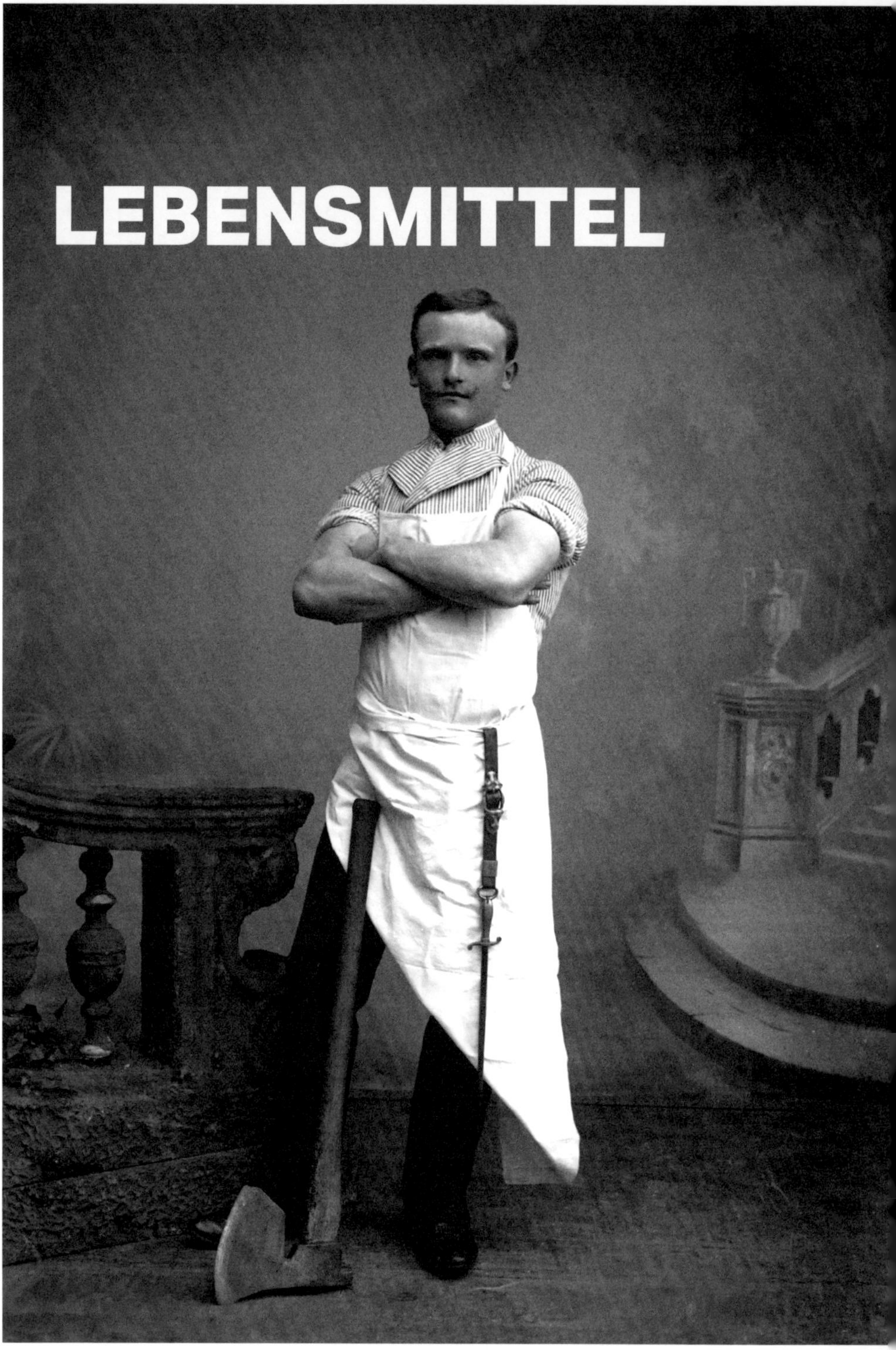

N ur weil es so zweifelsfrei zum Leben gehört, wird Wasser kaum als Lebensmittel wahrgenommen. Lebenselement ist es auf jeden Fall für Fische: Die vielen kleinen Wasserläufe führten zur Anlage von Teichen, die meist mit Forellen und Karpfen besetzt sind.

An Land spielte die Rinderhaltung eine große Rolle. Das tut sie auch heute noch, obwohl das Vieh keine Schwerstarbeit mehr leisten muss. Der Obstanbau bildete einen wichtigen Erwerbszweig. In den höheren Lagen des Bergischen RheinLands gediehen meist nur Apfelbäume auf den Streuobstwiesen. Das Niederbergische ließ eine breitere Obstpalette zu, der Leichlinger Obstmarkt zog Besucher von weit her an.

Zurück in die Dörfer führt der einst weitverbreitete „Gute Heinrich", als wilder Spinat wurde dieses Gemüse mehr oder weniger gern gegessen. Diverse Köstlichkeiten bot die Bergische Kaffeetafel, ihre Verlockungen zogen die Städter der Rheinschiene ins belebtere Relief. Wieder belebt wird der Weinbau an den Hängen zur Sieg, dem der Klimawandel zustattenkommen könnte.

Metzger mit Berufsattributen

Schlicht unersetzlich
Herausforderung Trinkwasser

Rund 10 Prozent aller Bundesbürger verdanken ihr Trinkwasser den Talsperren, im Bergischen RheinLand liegt der Anteil mit Sicherheit höher. Aber schon die gesamtdeutsche Schätzzahl macht deutlich: Talsperren spielen eine ganz wichtige Rolle bei der Versorgung mit dem Grundnahrungsmittel.

Die Insel der Bierseligen liegt in einer Vorsperre der Wiehltalsperre, mit ihr wirbt eine auch überregional namhafte Brauerei (siehe Seite 118). Das Zusammenspiel von unberührtem Wald und glasklarem Wasser zielt auf die Sehnsucht nach unverfälschter Natur. Mehr Ursprünglichkeit geht nicht. Allerdings verdankt das eigentlich unscheinbare Eiland die suggestive Bildkraft einer kräftigen optischen Nachbereitung, aber damit folgt das Metier Kundenfang nur seiner Logik.

Im scharfen Kontrast dazu stehen die Warnungen vor einer Trinkwasserknappheit. Sie füllen einen weltweiten Echoraum und die heimische Republik ist keineswegs auf der sicheren Seite. Zweifellos gibt es hierzulande gefährdetere Regionen, aber angesichts der Klimakrise ist Trinkwasser als knappe Ressource auch im Bergischen ein Thema. Heikle Abschweifung: Nicht von ungefähr führt die Naafbachtalsperre im Entwicklungsplan des Landes ein derart zähes Leben. Ein weiteres Trinkwasserreservoir soll zumindest als Perspektive erhalten bleiben.

Die existenten Trinkwassertalsperren stehen unter verschärfter Beobachtung. Forschungen betonen einmal mehr die Notwendigkeit eines breiten Waldgürtels um die Reservoire. Nicht nur das hiesige Fichtensterben, generell haben Waldverluste als indirekte Folge des Klimawandels einen negativen Einfluss auf die Qualität des Talsperrenwassers.

Im einschlägigen Szenario treffen vermehrte Starkregen auf immer mehr bloßes Erdreich. Je weitläufiger das Einzugsgebiet eines Beckens, desto näher liegt die Möglichkeit, dass belastete Substanzen eingeschwemmt werden. Je wärmer Frühjahr und Herbst, desto instabiler wird das Schichtgefüge einer Talsperre. Das kältere Wasser im unteren Bereich hat von sich aus einen „entkeimenden Effekt", er wird aber abgeschwächt, wenn hier die Temperaturen steigen. Außerdem wächst die Gefahr, dass Nährstoffe aus den Sedimenten freigesetzt werden.

Und noch einmal, weil es sich so schnell überliest: Die Talsperren liefern kein Trink-, sondern Rohwasser. Um den gesetzlichen Vorgaben für das höchst sensible Nass zu genügen, muss es aufbereitet werden. Wenn sich die Qualität des Rohwassers verschlechtert, sind höhere Kosten im Nachhinein die zwangsläufige Folge. Umso notwendiger, dass den Gefährdungen an der Quelle begegnet wird: noch stärkeres Augenmerk auf die Talsperrenumwelt, konsequente Beachtung des Naturschutzes generell. Das schließt erhöhte Wachsamkeit im Hinblick auf die landwirtschaftliche Nutzung ein.

Dennoch gilt: Auch und gerade unter dem Horizont der Klimakrise sind die bergischen Trinkwassertalsperren ein besonderer Vermögenswert der Daseinsvorsorge. Sie müssen (samt ihrer Umgebung) wie ein Augapfel gehütet werden.

Mit Netz und Angel

Der Schatz in den Teichen

In den Umweltberichten der bergischen Kommunen heißt es oft lapidar: Teiche in jedem Bachtal. Von der einen oder anderen Wasserfläche mag nur noch ein Morast geblieben sein, doch hat die Fischhaltung hier Tradition. Das gilt ganz besonders für die Lohmarer Teiche.

Laut Eigenwerbung sind es auffällig oft Paradiese, immer mit dem Vorsatz „Angel-". Es geht um die Fischzucht, die auch im Bergischen als Erwerbszweig weitverbreitet ist. Daran knüpft etwa eine „Fischroute" an. Sie führt vom Freilichtmuseum Lindlar zu einem Betrieb mit „bergisch pur"-Zertifikat. Schwerer fassbar ist die historische Dimension. Doch liegt der Gedanke an die Klöster nahe. Die Teichwirtschaft der Altenberger Zisterzienser lässt sich im Gelände nachverfolgen. Sie hatten ihre Teiche im Tal des Pfengstbachs angelegt, einem Dhünn-Zufluss, der mit seiner Mündung zum Gründungsort ihrer Niederlassung wurde. Am Pfengstbach reihten sich sieben Teiche, von denen derzeit noch vier bewirtschaftet werden. Der (heute verschwundene) klosternächste war übrigens noch bis in die 1930er-Jahre eine Touristenattraktion – als Kahnweiher.

Natürlich wussten die Mönche, welcher Fisch sich für die Teichwirtschaft am besten eignete. Das waren keineswegs die Forellen oder sonstige Salmoniden, für die sich das Kloster die Fischereirechte beispielsweise in der Dhünn gesichert hatte. Es war vielmehr der Karpfen.

Einer für alle: Lohmarer Teich

Wie er sich vom Wild- zum Haustier entwickelte, ist nicht vollständig geklärt. Aber zweifellos erreichte die europäische Karpfenzucht im späten Mittelalter einen ersten Höhepunkt. Der Fisch eignet sich für die Teichwirtschaft besonders gut: Nach einem schönen Sinnspruch sind diese Stillgewässer für ihn „Stall und Weide zugleich" (für die Forellen sind sie ausschließlich Stall). Teiche ähneln seinem eigentlichen Lebensraum, den sommerwarmen Flachgewässern.

Gerade aus der Karpfenteich-Perspektive muss der Blick schleunigst zur Benediktinerabtei St. Michael in Siegburg und zu den Lohmarer Teichen gehen. Sie zeichnen sich im Gelände als große, auch zusammenhängende Anlage ab, die einzurichten und zu betreiben kleinere Grundbesitzer überfordert hätte. Als Teichlandschaft zog sie sich weit ins heutige Siegburger Stadtgebiet. Wie sie entstand, ist ebenfalls nicht völlig geklärt.

Aber undenkbar wäre sie ohne die natürlichen Voraussetzungen. Denn dieser südlichste Zipfel der Bergischen Heideterrasse zeichnete sich nicht nur durch seine Sanddünen aus, sondern auch durch die sumpfigen Partien. Hier waren Niedermoore entstanden, deren Torf gestochen wurde. Mancher „Weiher" wird diesem Abbau seine Existenz verdanken. Auch an einen weiteren Abbau sollte gedacht werden: Hier wurde der Ton für das berühmte Siegburger Steinzeug gewonnen. Damit ließen sich die Wälle zwischen den Teichen zwanglos erklären: Der minderwertige Aushub hätte zu ihrer Aufschüttung gedient.

Auch die Siegburger Teichwirtschaft kannte Höhen und Tiefen. Als die Wasserflächen um 1850 wegen der Malariagefahr trockengelegt wurden, schien sogar ihr Ende besiegelt. Doch um 1900 entstanden neue Stillgewässer. Sie sollten vorwiegend dem Brandschutz dienen, aber sie ermöglichten eben auch wieder eine Teichwirtschaft. Bemerkenswert, dass die Nutzung dieser immerhin 30 Teiche 1906 in die Hand eines Pächters gelegt wurde, noch bemerkenswerter, dass sie bis heute in der Hand dieser Familie geblieben ist.

Und so gibt es hier, fernab den weitläufigen Gegenstücken im Osten und Süden der Republik, doch auch eine Teichlandschaft, die eine große Tradition im Rücken hat. Dieses Erbe lässt sich als Auftrag begreifen.

Qualität von der Weide
Rinderhaltung und -zucht

Eine Landwirtschaft, die keinen lohnenden Ackerbau treiben kann, muss die Verdienstmöglichkeiten im Grünland nutzen. Und schon die Unwägbarkeiten in der Milchproduktion verweisen auf das Fleisch als Erwerbsquelle.

Der erste Viehmarkt in Waldbröl datiert ins Jahr 1851 und er findet heute noch statt. Der Titel „Miss Bergisches Land" gilt einer vierbeinigen Schönheit, wobei auch die inneren Werte zählen. Doch erinnern wir uns: Schon Homer feierte die Göttermutter der Griechen als „kuhäugige Hera".

Heute kennen und beurteilen die meisten nur noch das sozusagen abstrakte Fleisch. „Bergisch pur" setzt andere Akzente. Dieses Label sieht nicht nur auf das Endprodukt, sondern auch auf den Weg dahin. Zum Tierwohl zählen der lange Verbleib draußen auf der Weide, mehr und komfortablerer Platz im Stall sowie strenge Kriterien bei der Zufütterung. Beim Fleischkauf ermöglicht das Etikett eine Kontrolle über die Haltung des Rinds. Ein Lebensmittel aus der Nachbarschaft, für das die Tiere nicht über weite Strecken und unter fragwürdigen Bedingungen zu einem Schlachthof transportiert werden müssen.

Im Bergischen RheinLand gibt es einige Betriebe, die auf hohe Fleischqualität Wert legen. Sie könnten davon profitieren, dass mit dem Zug zur bewussteren Ernährung die Nachfrage nach regionalen Produkten auch im städtischen Umfeld steigt. Allerdings fehlt ein genügend großes Angebot. Eine bessere Vermarktung würde mehr heimischen Landwirten eine interessante wirtschaftliche Perspektive eröffnen.

Heimische Produkte spiegeln oft auch die Heimat selbst wider. Manchmal gestatten sie einen Blick zurück. Die Frage spielt eine Rolle, welche Rinderrasse das rauere bergische Klima und das kargere Futter von den hiesigen Wiesen am besten verkraftet hat. Das typische Mittelgebirgsrind war früher das Rote Höhenvieh. Es differenzierte sich in viele Schläge, hatte also manche regionale Variante. Sie gingen während der 1980er-Jahre in einer einheitlichen Rasse auf. Selbst diese wäre ausgestorben, hätte sich nicht an entlegener Stelle das Sperma eines (einzigen) Bullen gefunden, dessen Samen die Neubegründung des Roten Höhenviehs ermöglichte.

Früher hatten diese Tiere ein durchaus schweres Leben. Wenn sie nach einem langen Winter und ärmlicher Fütterung aus dem Stall kamen, boten die abgezehrten Gestalten keineswegs einen erhebenden Anblick. Bei all ihrer Robustheit zehrte der Einsatz als Zugtier doch sichtbar an den Kräften. Aber heute kann das Rote Höhenvieh seine Qualitäten voll ausspielen. Es hat eine gute Konstitution und bemerkenswerte Vitalität, gibt sich mit Weideflächen zufrieden, deren kerniges Futterangebot hochgezüchtete Rassen mit Verachtung strafen würden. So hat das Rote Höhenvieh einen zusätzlichen Wert als Landschaftsschützer. Seine Milch schmeckt würziger, Kenner loben sein Fleisch über den grünen Klee. Umso verdienstvoller, dass es auch im Bergischen RheinLand wieder auf der Weide steht.

Auf dem Weg in den Schlachthof

BERGISCHE HÜHNER

Krüper, Bergischer Schlotterkamm und Bergischer Kräher: Als „Bergische Landrassen" haben sie sogar einen eigenen Wikipedia-Artikel. Die robusten Krüper (besonderes Kennzeichen: kurze Beine, deshalb auch Dachshuhn) hatten allerdings auch im Münsterland einen züchterischen Schwerpunkt.

Der Krüper war lange vom Aussterben bedroht, kaum besser ging es dem Bergischen Schlotterkamm, seinem nahen Verwandten. Den Namen hat dieses Huhn vom großen Kamm, der dem weiblichen Tier tief ins Gesicht hängen kann. Wer dieses Federvieh halten will, muss für reichlichen Auslauf sorgen.

Einen außerordentlichen Ruf im doppelten Wortsinn hat der Bergische Kräher. Verwegene Autoren nennen ihn die älteste deutsche Haushuhnrasse, es versteht sich, dass sich mit ihm eine Geschichte verbindet. Als der Graf von Berg mit seinen Mannen vom Kreuzzug heimkehrte, verirrte sich die Schar auf dem Balkan in einem dichten Wald. Drei Tage hatten sie keine menschliche Behausung angetroffen, als sie ein gellender Hahnenschrei zu einer Köhlerhütte führte. Der schwarze Mann wies ihnen den Weg Richtung Heimat. Seine Hühner aber begleiteten die Mannschaft ins Bergische. Dort sorgten die Altenberger Zisterzienser für ihre Verbreitung in der Grafschaft.

Nicht anders als die beiden erst genannten Rassen stand auch dieser Kräher lange im züchterischen Abseits. Es wird nicht zuletzt an der imposanten Statur des Hahns gelegen haben, dass dieses Huhn wieder mehr Aufmerksamkeit findet. Und „nomen est omen": Wo heute noch Krähwettbewerbe stattfinden, ist der Bergische Kräher immer mit von der Partie.

Futter fürs Federvieh

42

Der Löss und das Obst
Früchte an der Niederwupper

Es gibt berühmtere Obstanbaugebiete im Land, ein historisches Zentrum sind die „Burscheider Lössterrassen" dennoch. Der Titel des Naturraums verweist auf die Bodengunst einer Gegend, die zwischen Bucht und Hochfläche vermittelt.

Anfangs, also unverfestigt, übertrifft der Löss sogar den Sand an Beweglichkeit. Als die eiszeitlichen (West-)Winde übers Land fegten, bliesen sie diese feinsten Bodenpartikel aus und trugen sie weit übers Land. Bis sich ihnen eine Barriere entgegenstellte, hier waren es die Burscheider Lössterrassen. Im Gelände sind sie partienweise auch heute noch zu erkennen.

Der Löss kann beachtlich hohe Decken bilden, deren obere Schichten leicht verwittern. Dank der Kalkanteile erlaubt sein Boden den Anbau anspruchsvoller Nutzpflanzen. Folgerichtig wurde diese Krume recht früh in Anspruch genommen, um Obst zu kultivieren. Lützenkirchen gehört heute zu Leverkusen, aber das Schöffensiegel von 1556 kann als schönes Indiz dafür gelten: Es zeigt unter dem obligaten bergischen Löwen eine Birne. Die Birne wiederum deutet an, dass die Obstpalette hier breiter genutzt wurde, es ging also nicht nur um Äpfel. Für das Jahr 1822 hält der (erste) Leichlinger Bürgermeister Joseph Everhard fest, dass 2.450 Zwetschgen- und Kirschbäume den Weg in die hiesigen Obstgärten fanden.

Viele Obstbäume, und allemal hochstämmige, sprechen zur Blütezeit den Schönheitssinn an. Im Lenz zog es Scharen von Besuchern ins Land an der Niederwupper. Nicht zuletzt wird auch dieses prächtige Versprechen zum Ehrentitel „Bergische Obstkammer" beigetragen haben.

Beizeiten machten sich hier Einheimische um den Obstbau verdient, Vater und Sohn Flandrian förderten ihn schon im 16. und 17. Jahrhundert. Später begründete Vinzenz Joseph Deycks (1768–1850) einen Mustergarten, er lag an der Mündung des Wiembach in die Wupper. Bis ins Westfälische fanden seine Bäumchen und Reiser Zuspruch. Der gebürtige Schlebuscher Vinzenz Jakob von Zuccalmaglio veröffentlichte 1868 seine Schrift „Der Obstbau und die Bepflanzung der Wege, Straßen und Eisenbahnen". So trug auch der äußerst rührige bergische Autor (Künstlername Montanus) dazu bei, den Ruf der Gegend als Obstanbaugebiet zu festigen.

In gewisser Weise fasst der Leichlinger Obstmarkt die Entwicklung zusammen. Er fand erstmals 1896 statt und eine breite Werbekampagne ging ihm voraus. Als Versuchsgut für Obstbau erwarb Bayer 1940 das Gut Höfchen in Burscheid, heute stehen dort allerdings Pflanzenschutzmittel für die Feldfrüchte im Fokus.

Ein angesehener Pomologe war auch der Leichlingen-Witzheldener Lehrer Carl Hesselmann (1830–1902). Hesselmann hatte offenbar ein Faible für Pflaumen, angeblich hielt er 220 Sorten in seiner Baumschule vor. Berühmtheit aber erlangte er doch durch ein anderes Obst. In der Urdenbacher Kämpe hatte er einen Apfelbaum mit betörend schönen Früchten entdeckt und für seinen Fund Kaiser Wilhelm I. die Patenschaft „alleruntertänigst" angetragen. Tatsächlich durfte er seine Frucht nach dem Kaiser (seit 1871) nennen. Später allerdings regten sich Zweifel, ob es sich hier wirklich um eine Erstentdeckung handelte. Auffällig ähnlich sei er einer Sorte, die ein anderer Pomologe unter dem weniger erlauchten Namen „Peter Broich" schon zuvor in den Handel gebracht hatte.

Für die endgültige Entlarvung sorgte dann die Molekulargenetik. Die Apfelsorten Kaiser Wilhelm und Peter Broich waren identisch. Von Rechts wegen hätte der kaiserliche Name also entfallen müssen. Nur wer wollte auf den kaiserlichen Glanz verzichten? Ein Marketing-Mensch jedenfalls nicht. So bleibt der Reichsgründer gegenwärtig.

Ohnehin lässt sich im Fall von Leichlingen über Bande spielen. Eine Hofschaft heißt hier Wilhelmsthal und der Pomologe Carl Hesselmann führte als Autor den Namenszusatz „von Wilhelmsthal bei Witzhelden". Entdeckerschaft hin oder her: Hesselmann war in einer erlauchten Gegend ansässig, eben der Bergischen Obstkammer.

Wiedergeburt

Alte Apfelsorten neu entdeckt

Im Plantagenobstbau müssen die Erzeuger auf Nummer sicher gehen. Doch selbst hier hat der große Verbraucherzuspruch dafür gesorgt, dass immer neue Apfelsorten entwickelt werden. Noch mehr gilt für die Vergangenheit, dass für den Apfel wie für kein anderes Obst der Plural zutrifft.

„Wellers Eckenhagener" ist eine Sortenbezeichnung, die sich aus einem Familien- und einem Ortsnamen zusammensetzt. So viel Anschaulichkeit lässt eine Geschichte erwarten und sie reicht ins Jahr 1780 zurück. Ein Eckenhagener namens Hermann Weller hat diesen Apfel damals entdeckt.

Beim Stichwort Entdeckung denkt der gemeine Europäer zuerst an Kolumbus. Aber diese Entdeckung – so jedenfalls will es die Überlieferung wissen – nahm den umgekehrten Weg. Besagter Weller Hermann war Baumwollspinner von Beruf und fand als solcher einen Apfelkern in der aus Amerika gelieferten Ware. Neugier mag im Spiel gewesen sein, als er diesen Kern der heimischen Erde anvertraute.

Tatsächlich wuchs aus dem überseeischen Samen ein oberbergischer Baum. Er trug Früchte, die selbst eine frühe Frucht der Globalisierung waren. Im folgenden Jahrhundert gelangte der eigentümliche Exot zu einiger Bekanntheit, um später wieder in Vergessenheit zu geraten. Neu entdeckt hat ihn die rührige Biostation Oberberg, nicht zuletzt dank eifriger Literaturstudien.

Es ging Wellers Eckenhagener nicht anders als vielen anderen Sorten, die unter das Rad der Kommerzialisierung gerieten oder doch zu geraten drohten. Immerhin hatten sie ihre Rückzugsgebiete: die heimischen Gärten, die Dorfränder, vor allem aber die Streuobstwiesen.

Ihnen kam als Lebensraum von Menschenhand zustatten, dass sie auch beweidet werden konnten. Die Aufmerksamkeit für ihre hochstämmigen

Bäume ließ dagegen zu wünschen übrig, die Ernte der Früchte stand im Ruf der Mühsamkeit. So lange ist es noch nicht her, dass einem der häufige Anblick von zusammengebrochenen Bäumen in der Seele wehtun musste. Denn bei aller Robustheit brauchen sie Pflege, die infolge eingestellter Nutzung ausblieb.

Nun aber zeichnet sich für diese Wiesen eine Renaissance ab. Von ihr profitieren gerade im raueren Klima der bergischen Hochlagen vor allem die Äpfel. Sie gedeihen noch, wo die Birnen schon mickern. Allerdings gedeiht hier nicht jede Apfelsorte. Folgerichtig müssen Streuobstwiesen auf die lange bewährten Sorten setzen.

Etwa die Bergische Schafsnase, die sich hervortut, weil sie auch auf schweren Böden wenig Schorfanfälligkeit zeigt. Selbst eine Sorte von namentlich so zartem Klang wie das Rheinische Seidenhemdchen trotzt einer nicht immer wohlgesonnenen Witterung. Bewährt haben sich ebenfalls Luxemburger Renette und Luxemburger Triumph, der Bäumchesapfel und der Doppelte Härtling.

Nicht jede dieser Früchte ist eine lukullische Sensation, jedenfalls als Tafelapfel. Beim Bäumchesapfel oder dem Doppelten Härtling verweisen die Quellen darauf, dass sie sich besonders für die Herstellung von Apfelkraut eignen. Das Kraut spielte früher in der Küche eine tragende Rolle, weil es die Speisen süßte. Bei den Früchten ging es also nicht so sehr um das ausgewogene Verhältnis von Säure und Süße als wichtige Geschmackskomponente, es ging auch nicht um die Knackigkeit. Vielmehr kamen das geringere Aroma und die geringere Festigkeit der Früchte bei der Verarbeitung gerade recht.

Damit wären wir wieder bei der Nutzung. Denn alle Mühen, die Streuobstwiesen als Lebensraum wiederzugewinnen, blieben vergeblich, wenn sich ihr Obst nicht verwerten ließe. Es gibt schon Angebote von Bergischem Apfelwein (Cider), aber im Mittelpunkt steht doch der Saft. Mobile Pressen ziehen durchs Land und eine Mosterei gibt es ebenfalls. Gut möglich, dass sich in künftigen Säften auch Wellers Eckenhagener einfindet.

GUTER HEINRICH

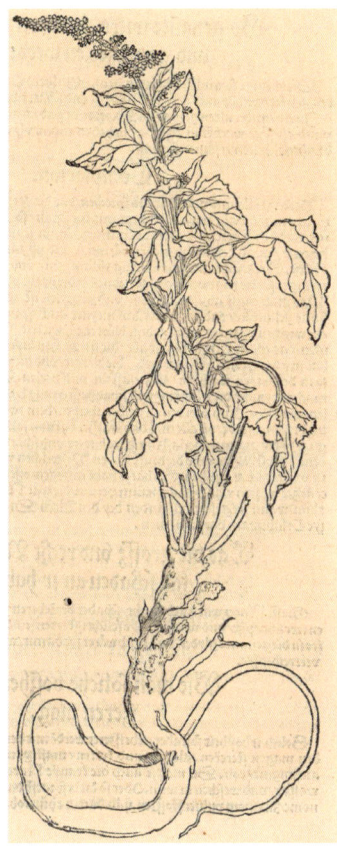

Die Molekulargenetik hat ihn die Gattung wechseln lassen, geblieben ist der Artname Guter Heinrich, lateinisch „bonus henricus". Früher hieß er auch Wilder Spinat und tatsächlich hat er mit dem angebauten Spinat die Spießblättrigkeit gemeinsam. Sein exklusives Kennzeichen kann erfühlen, wer über die Laubunterseiten der jungen Pflanze fährt. Ihm bleiben die grieseligen Blasenhaare an den Fingern hängen.

Die Art hielt stets engen Kontakt zu den menschlichen Siedlungen und das schon seit der Jungsteinzeit. Besonders prächtig gedieh der Gute Heinrich in der Nähe von Misthaufen, denn ein hoher Nitratgehalt im Boden sagt ihm zu (fast wäre dem Autor das Wort Stickstoffjunkie unterlaufen). Als typischer Kulturfolger war er im Mittelgebirge stets häufiger als im Flachland zu finden und jedenfalls ein gesuchtes Wild-, besser wohl Halbwildgemüse.

Guter Heinrich: So haben ihn schon im 16. Jahrhundert die Väter der Botanik genannt. Heinrich ist ein Zwergenname, bekannter in der Kurzform Heinz wie bei den Heinzelmännchen. Lange zählte er zu den Gänsefußgewächsen, heute nicht mehr. Das ist aus volkskundlicher Perspektive bedauerlich, weil die Zwerge und die Gänsefüße eng zusammengehören. Heinze verrieten sich häufiger durch ihre untersten Gliedmaßen, die denen des Federviehs glichen. Natürlich fehlt auch die passende Erzählung nicht. Ein Naseweis hatte am Abend Mehl ausgestreut, um dem Zwerg auf die Schliche zu kommen. Morgens fanden sich tatsächlich die Gänsefuß-Spuren, doch fortan war es mit dem segensreichen Wirken des Kobolds vorbei.

Aber: Der Gute Heinrich, „die Dorfpflanze schlechthin" (Rainer Galunder), ist aus den Dörfern so gut wie verschwunden. Seine fast letzte Zuflucht ist die „Gartenarche Oberberg" im Freilichtmuseum Lindlar.

Festliches Ambiente
Die Bergische Kaffeetafel

Regionale Eigentümlichkeiten können auch wiederentdeckt werden. Die Bergische Kaffeetafel führte zwischenzeitlich ein Schattendasein, bis ihr Stern erneut aufging. Heute ist sie aus keiner Touristenwerbung mehr wegzudenken.

Das Wort Tafel sagt es und noch deutlicher sagt es das Tätigkeitswort: tafeln. Der reich gedeckte Tisch ist Programm. Der „Kaffee-" vor der Tafel lässt wissen: Es handelt sich nicht ums Mittag- oder Abendessen. Also um keine Veranstaltung, bei der zeremonielle Steifheit oft bedrohlich mitschwingt.

Vielmehr lässt die Einladung zum Kaffee auf eine zwanglosere Festlichkeit schließen. Im Fall der Bergischen Kaffeetafel auch auf eine rustikalere, mit schlichter Tischdecke und Zwiebelmuster-Geschirr. Beides zusätzliche Anzeichen, dass es eher auf eine gesellige Runde hinausläuft. Und wie gesagt: Keinesfalls muss der Eingeladene fürchten, dass er mit Heißgetränk und trockenem Kuchen abgespeist werden soll. Zu einer Bergischen Kaffeetafel gehört vielmehr, dass aufgefahren wird. Aufgefahren wurde selbst in Zeiten, die zur Schlemmerei wenig Gelegenheit gaben.

Glaubt man den vereinzelten historischen Belegen, kam die Bergische Kaffeetafel vor allem bei Tauffeiern zum Einsatz. Als fester Begriff setzte sie sich im späteren 19. Jahrhundert durch, schon damals sprengte sie den familiären Rahmen. Die Gasthäuser der Region lockten die Städter im Umland mit einem „bergischen Kaffeestündchen". Um den Zweiten Weltkrieg herum geriet diese Tafel beinahe in Vergessenheit, um in den 1960er-Jahren erneut aufzuleben. Dass bergische Etablissements landauf, landab wieder mit der Kaffeetafel werben, ist noch gar nicht so lange her.

Die Bergische Kaffeetafel lebt von ihrer Vielfalt. Sie hat auch einen herzhaften Flügel, zu dem Schwarzbrot und Quark gehören. Selbst ein paar Scheiben (grober) Leberwurst fehlen selten. Sowieso gehört zur gesamtrheinischen Lebensart die Überzeugung, dass diese Wurst mit den Leckereien nicht fremdelt. Aber die zweifellos süße Seite dominiert. Sie ist mit Rosinenplatz, Apfel- oder Birnenkraut, Milchreis mit Zucker und Zimt repräsentativ besetzt. Der spröde Milchreis muss heute meist den bergischen Waffeln weichen, die traditionell mit Kirschen und Sahne serviert werden. Ob das die Traditionalisten freut, bezweifelt der Autor.

Wenigstens eine Komponente gibt es, die zur Tafel passt und den Zusatz bergisch auch von Rechts wegen führen kann: den Zwieback. Er hat hierzulande eine längliche Form, auf die Seite der Süßigkeiten schlägt er sich mit einem Überzug aus Schokolade oder Zuckerguss. Inwieweit auch die (Solingen-)Burger Brezel zur Ausstattung gehört, sei dahingestellt. Sie soll immerhin über 200 Jahre auf ihren beiden Buckeln haben und durch die vielfach geschlungene Mitte keiner anderen gleichen. Ihrer Trockenheit wird mit Kaffee abgeholfen, in den sie sogar „gezoppt" werden darf.

Damit wären wir bei der eigentlichen Herrscherin über eine Bergische Kaffeetafel angekommen. Sie hört auf den Namen Mina oder Minna, einer Abkürzung von Wilhelmine. Der Name gehörte laut Volksmund zu einer Hausangestellten, die unschöne Wendung „jemanden zur Minna machen" hält das bis heute gegenwärtig. Doch als Dröppelmin(n)a thront sie hier über allen Köstlichkeiten und gibt dem Arrangement einen geradezu matriarchalischen Anstrich.

Die birnenfömig gebauchte Zinkkanne hat einen Hahn, der auf- und zugedreht werden kann, um den Kaffee zu zapfen. Anders als beim Bier aber konnte der Kaffeesatz den Ausgang leicht zusetzen, sodass der Kanneninhalt nur zögerlich in die Tasse fand, er dröppelte. Das lässt sich mit fortgeschrittener Technik vermeiden – nicht immer muss der Tradition buchstäblich gefolgt werden.

Die Burg und der Rebenzauber

Blankenberger Weinbau

Der Klimawandel eröffnet dem Weinbau neue Perspektiven. Aber auch früher schon grünten im Siegtal die Reben; bis auf die Höhe von Eitorf zogen sich die Parzellen. Doch stets standen die Lagen um Stadt Blankenberg im Mittelpunkt.

„Blanckenberg ... hat gute Ländereyen, auch in etwa Wein-Gewachs und lieget plaisirlich." Ja, der jülich-bergische Hofkammerrat Johann Wülfing lässt 1729 die landschaftlichen Reize nicht unerwähnt. Aber in seiner „Beschreibung der Vornehmen Handels-Städte und Flecken Bergischen Landes" erscheint das hiesige „Wein-Gewachs" als die eigentliche Besonderheit.

Der Blankenberger Weinbau reicht weit zurück, nach der Überlieferung bis ins 12. Jahrhundert. Es spricht viel dafür, dass er mit dem Bau der Burg einherging. Die Feste samt der 1245 zur Stadt erhobenen Siedlung waren lange ein wichtiger Besitz der Sayner Grafen und ihrer Verwandtschaft. 1363 aber fielen sie und ihr Umland (zunächst als Pfand) an die Grafen von Berg. Ungeachtet aller Herrschaftswechsel blieb der Weinanbau erhalten. Die Hänge des heutigen Naturschutzgebiets Ahrenbachtal waren wohl schon damals die bevorzugten Lagen.

Nun lässt sich einwenden, dass Wein vorzeiten auch in Gegenden angebaut wurde, die dafür wenig geeignet waren. Hohe Transportkosten zwangen manche (nicht alle) Klöster, mit dem Rachenputzer gleich nebenan vorliebzunehmen. Aber der Blankenberger Wein stand doch im Ruf, durchaus ansprechende Qualitäten zu liefern.

Jedenfalls berichtete der preußische Domänenrat Müntz 1740 an seinen König, es gebe um Blankenberg „viele Weingartens, wovon einige recht gut sein". Auch der jülich-bergische Landesherr habe hier „ein Gewächs". Daraus lässt sich schließen, dass der Blankenberger Wein am Düsseldorfer Hof wertgeschätzt wurde.

1865 vermerkte eine „Statistik des Regierungsbezirkes Cöln", den Weinbau „an der unteren Sieg von Blankenberg abwärts" eher beiläufig. Ohnehin, so der verantwortliche Autor Franz Halm, sei hier der Unterschied zwischen „ordentlich" und „sauer" eine Sache der Witterung. Wenig später kamen zur Grenzertragslage die Reblaus- und andere Kalamitäten. Rasch ging es mit dem Blankenberger Weinbau zu Ende, 1907 war dann auch von Amts wegen Schluss.

Aber er blieb im Gedächtnis der Bürger. 1985 erwarb einer den Streifen unterhalb der südlichen Stadtmauer, um dort einige Rebzeilen anzulegen. Die private Initiative entfaltete Sogwirkung. Inzwischen gibt es die Blankenberger Weinfeste und die Kür einer Weinkönigin. Es kommt dem Ort zugute, dass der lange Arm der Geschichte auch in touristischer Hinsicht Muskeln ansetzen konnte. Ein Eigengewächs steigert die Anziehungskraft von Stadt Blankenberg zusätzlich – und das hat der Wiederbelebung des Weinbaus sicher nicht im Weg gestanden.

2000 konnte hier ein kleines Weinbaumuseum eröffnet werden, eine imposante Baumkelter aus dem 17. Jahrhundert steht nahe dem Katharinentor, sie lässt sich geradezu als öffentlich gegebenes Versprechen deuten. Selbstverständlich führt an ihr der Weinwanderweg vorbei. Und wenigstens im nahen Hennef-Geistingen hat das Blankenberger Beispiel Schule gemacht. Ein Verein namens „Wingfründe" hat dort vor Kurzem und auf historischem Grund einen Weinberg angelegt.

Übrigens trägt die Blankenberger Cuvée den Namen Schützenstaller. Auch er gründet auf einer Überlieferung: Vorzeiten geriet das Vieh immer wieder einmal auf Abwege, sprich zwischen die Reben, wo es beträchtlichen Schaden anrichtete. Der Flurschütze habe dann die Übeltäter aufgegriffen und in einem alten Stall festgesetzt. Ihr Besitzer musste seine Tiere mit einem Strafgeld auslösen.

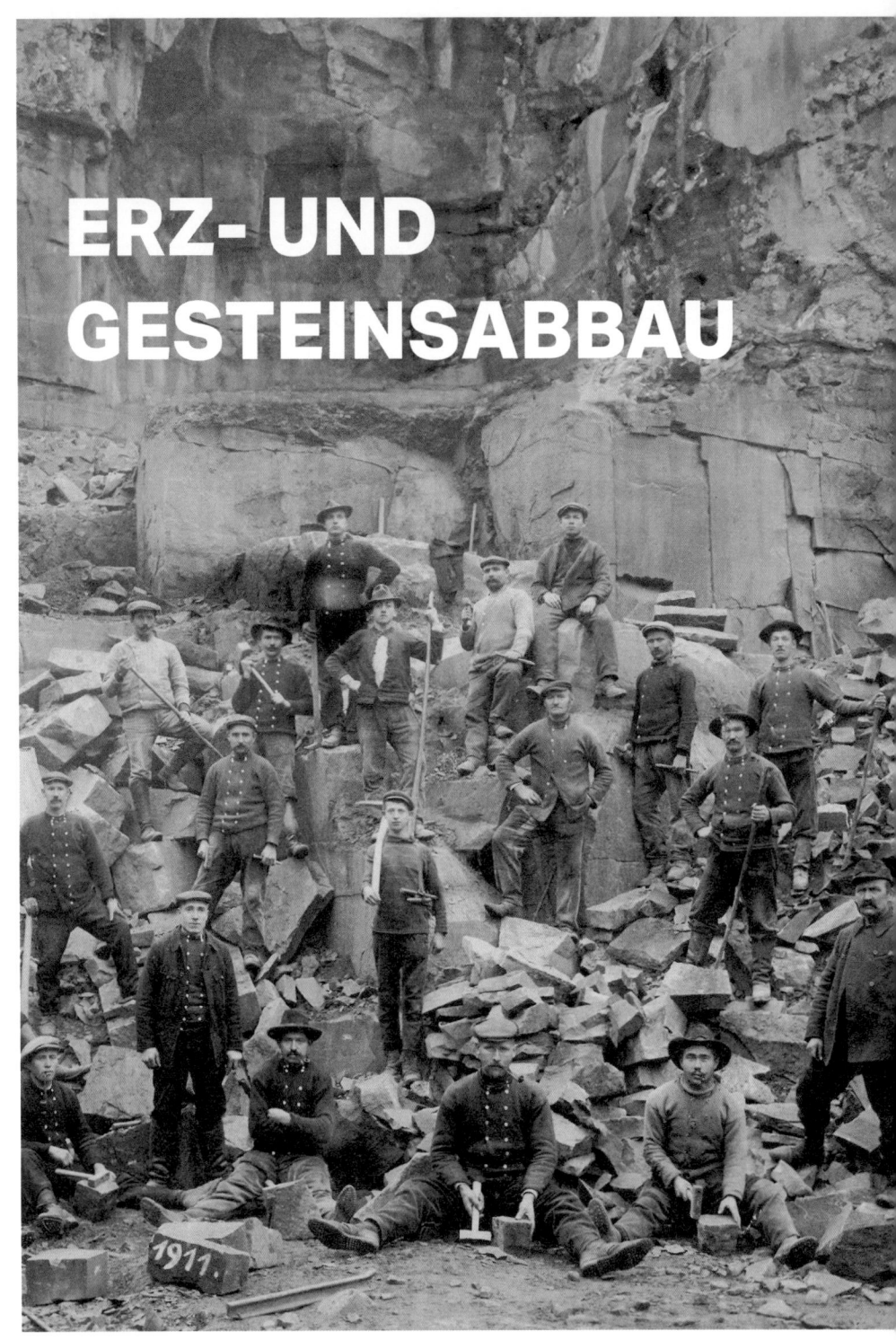

ERZ- UND GESTEINSABBAU

Auch im Bergischen hat der Bergbau eine bedeutende Tradition. Eisen wurde früh gewonnen und verarbeitet, nach Blei haben schon die Römer geschürft. Zu einer letzten großen Erschließungsphase kam es im 19. Jahrhundert, nachdem das Zink als Metall „enttarnt" worden war.

Zeugnisse des Montangewerbes lassen sich im ganzen Bergischen RheinLand finden, Loren mit der Aufschrift „Die letzte Fahrt" oder Ähnlichem weisen auf manche stillgelegte Grube hin. Das Silber von Eckenhagen, die Buntmetalle am Lüderich oder das Kupfer aus Wipperfürth haben ihren Niederschlag auch in etlichen Schrift- und Bildquellen gefunden. Allerdings finden sich dort auch viele Hinweise auf enttäuschte Hoffnungen.

Für den kostengünstigen Transport der Erze kam die Eisenbahn zu spät. Aber den Aufstieg der Steinindustrie hat sie im Wortsinn befördert. Der Gesteinsabbau ist ein namhafter Wirtschaftsfaktor, die Lindlarer Grauwacke ein Markenzeichen. Hier konnte sich sogar eine Steinhauerzunft herausbilden. Die offenen Steinbrüche prägen bis heute manches Landschaftsbild. Doch oft sind die stillgelegten Tagebaue kaum mehr zu erkennen, weil Busch und Baum dort wieder das Sagen haben. Der Naturschutz muss sogar eingreifen, um den Grund und die Wände für wärmeliebende Tierarten offen zu halten.

Dass der Westerwald-Vulkanismus bis ins Bergische RheinLand reichte, zeigen die zwei ehemaligen Abbaustellen vom Basalt. Eine wichtigere Rolle spielte das Kalkgestein, dem die Region auch einige sehenswerte (Tropfstein-)Höhlen verdankt.

Steinbruch im Felsenthal bei Lindlar mit Belegschaft, 1911

„Fast vergessen"
Bergische Grubenvielfalt

Wer sich in der Literatur zum Bergischen Bergbau umtut, stößt auch heute noch auf diese Wendung: „Fast vergessen." Dass der Bergbau dennoch seine Erinnerungsorte hat, ist zum guten Teil den Initiativen vor Ort zu verdanken.

Manchmal kommt der Zufall zu Hilfe, viel Pionierarbeit haben aber ansässige Überzeugungstäter geleistet. Früh sahen sie selbst den unauffälligen Landschaftsbildern die Bergbau-Vergangenheit an: Schon der Abbau von Raseneisen hinterließ Spuren in den engen Tälern, vor allem in den Auenböden.

Später konnte dann auch eine amtliche Bodendenkmalpflege den hiesigen Bergbau bis zur Römerzeit und darüber hinaus zurückverfolgen. Historiker allerdings sind auf Urkunden und Dokumente angewiesen und die waren oft wenig ergiebig. So sprachen sie gern vom „mühsamen Geschäft", wenn sie nach Schriftquellen zum mittelalterlichen Bergbau fahndeten. Dabei lassen die Grabungen den Schluss zu, dass es hier schon damals eine stattliche Zahl an Gruben gab.

Alles in allem zeichnet sich der Dreißigjährige Krieg (1618–1648) als Zäsur ab: Erst nach seinem Ende wurde im Bergischen wieder intensiver geschürft. Während des 19. Jahrhunderts erreichten Abbau und Verhüttung industrielles Niveau, der hiesige Bergbau erlebte einen Boom. Die Zahl der Konzessionen stieg rasant, um 1900 soll es hier 372 Gruben gegeben haben.

Am gründlichsten erforscht ist das sogenannte Bensberger Erzrevier, allein auf Bergisch Gladbacher Stadtgebiet wurden nicht weniger als 106 Schürfstellen gezählt. Zentrum des Reviers war seit eh und je der Lüderich, hier wurde der Bergbaubetrieb auch am längsten (bis 1978) aufrechterhalten.

Heute ist über manches Abbaugelände nicht nur Gras gewachsen. Historische Halden erscheinen als beliebige Ansammlung von Fichten-Stangenholz. Dabei verdient gerade ein dürftiger Bewuchs Aufmerksamkeit: Er könnte von der hohen Belastung des Untergrunds mit Schwermetallen zeugen.

Einige Rund- und Wanderwege zum Bergischen Bergbau führen durch die Region. An bedeutenderen Gruben stehen Informationstafeln. Öfter dient eine Lore als Denkmal, gern versehen mit der Aufschrift: „Ich war die letzte."

Kein Zweifel: Das Bergische Land war eine Montanregion, mag das Ruhrrevier einen noch so langen Schatten werfen. Der Bergbau hat hier ein bemerkenswertes Spektrum an Bodenschätzen erschlossen, er war von großer Intensität und Dichte.

Der Berg liegt offen, Erzabbau am Lüderich

Die Bergbaubasis
Eisen

Das Eisen steht oft im Schatten anderer Metalle, die auffälligere Minerale haben. Aber dieser Bodenschatz hat dem Bergischen als Gewerbelandschaft und Industrieregion seinen Stempel aufgedrückt.

Mit einem geschärften Blick auf die Landschaft gaben sich die überwachsenen Geländebuckel leicht als Schlackenhalden zu erkennen. In der Summe bezeugen sie einen intensiven bergischen Eisenabbau schon für eine Zeit, die den Schriftzeugnissen weit vorausliegt.

Die Suche nach dem Metall konnte sich anfangs auf die zahlreichen oberflächennahen Lagerstätten beschränken. Hier ließ sich das Raseneisenerz mit verhältnismäßig geringem Aufwand fördern. War bei hohem Grundwasserstand das Gemenge zu nass, wurde es zunächst geröstet.

Der frühe Abbau von Eisenerz lässt sich oft nur mittelbar erschließen: Die vielen aufgedeckten Meilerplätze zeugen vom hohen Verbrauch an Holzkohle, vor allem aber sind es die Überreste von Rennöfen, wie sie zahlreich im Raum Hückeswagen/Radevormwald angetroffen wurden.

Besonderes Interesse fand der Grenzraum von Märkischem Sauerland und dem Oberbergischen (Stadt Wipperfürth). Für die Zeit um 1250 konnten die Ausgräber hier einen epochalen technologischen Fortschritt nachvollziehen: den Übergang von den lange gebräuchlichen Rennöfen zu einer Frühform des Hochofens. Übrigens ging mit dieser Neuerung auch ein Wechsel der Produktionsstandorte einher: Sie verlagerten sich von den Höhen in die Talgründe. Was oben der Wind besorgte, nämlich die Zufuhr von Sauerstoff, war nun Sache der wassergetriebenen Blasebälge. So konnten die Archäologen beispielsweise nachweisen, dass im heutigen „Naturschutzgebiet Wipperaue Eulenbecke" (Marienheide) ein mittelalterliches Zentrum der Eisenverarbeitung lag.

Insgesamt bezeugen nur recht wenige Urkunden einen mittelalterlichen und frühneuzeitlichen Bergbau von Eisenerz. Auf ein leidiges Problem verweist ein Dokument des Jahres 1450: Es ging darum, eine Eisengrube bei Marienheide (Oberbergischer Kreis) trocken zu halten. Der Einbruch von Wasser ließ den Betrieb mancher Grube scheitern.

Nach dem Dreißigjährigen Krieg, der gebietsweise einen völligen Niedergang gewerblicher Tätigkeit nach sich zog, mehren sich die einschlägigen Schriftzeugnisse. Wurde schon seit den 1560er-Jahren im heutigen Engelskirchener Ortsteil Kaltenbach Eisenerz geschürft, nimmt hier die Förderung doch erst Anfang des 18. Jahrhunderts einen großen Aufschwung. Es ist der Zähigkeit Peter Kauerts (1672–1750) zu verdanken, dass seine Grube „15 Löwenpfähl" endlich eine ergiebige Erzausbeute lieferte.

Für das 19. Jahrhundert stehen die Gruben um Ruppichteroth, deren intensive Erschließung um 1830 begann. Sie war zunächst Sache von Unternehmern aus der Umgebung, aber bald ging der Abbau in die Hände von auswärtigen und kapitalkräftigeren Industriellen über. Vor allem Emil Langen, Besitzer der (Troisdorfer) Friedrich-Wilhelms-Hütte, engagierte sich aus wohlverstandenem Eigeninteresse.

Erzaufbereitung an der Grube Berzelius, Bergisch Gladbach, um 1900

Im Übrigen erfasste auch das Bergische die „Eisengräberstimmung" des 19. Jahrhunderts. Es gab eine hohe Zahl an Gruben, die allerdings nur kurze Zeit existierten. Und es gab eine Unzahl von Mutungen, auf deren Feldern mit dem Abbau gar nicht erst begonnen wurde. Zu offensichtlich war die Aussichtslosigkeit des Vorhabens.

Wenigstens ein Streiflicht verdient abschließend die Bergische Eisenstraße, die zum guten Teil durchs Bergische RheinLand verlief. Diesen Weg nahm das hochwertige Roheisen aus dem Siegerland. Es sollte zum Ruf der Remscheider Werkzeuge und Solinger Schneidwaren nicht unwesentlich beitragen.

Aus: Agricola, *Zwölf Bücher vom Bergbau* (16. Jh.)

Silberblick

Das Edelmetall hinter dem Bleilid

Silber findet sich in vielen Erzgemengen – mit mehr oder (meist) weniger großen Anteilen. Als Edelmetall hat es einen engen Bezug zur Bleiverhüttung. Wenn also bergische Bleierzgruben das „Silber-" im Namen tragen, ist nicht immer Wunschdenken im Spiel.

Es könnte am „Bleiglanz" liegen, also dem metallischen silbrigen Farbton, der das Laienauge täuscht und den Verdacht weckt, bei Namen wie Silberkuhle oder Silberhardt – um nur zwei Beispiele aus dem Bergischen anzuführen – folge das Silberetikett nur dem Prinzip Hoffnung.

Sehr selten liegt das Edelmetall in elementarer Form vor, wesentlich häufiger geht es mit anderen Erzen einen Verbund ein. Dann sind mehr oder weniger aufwendige Prozeduren nötig, es aus diesem Verbund zu lösen.

Blei war der wichtigste Silberträger und offenbar gelang die Trennung beider Metalle schon ziemlich früh. Das angewandte Verfahren heißt Kupellation oder Läuterung. Ein schriftlicher Beleg für sein hohes Alter ist der Psalm 12. Er wird zu den David-Psalmen gezählt, die vermutlich etwa 500 v. Chr. niedergeschrieben wurden. Sein siebter Vers lautet: „Die Worte des Herrn sind wie Silber, im Tiegel geschmolzen, geläutert siebenmal." Ja, „geläutert siebenmal", denn mit einem Mal war es nicht getan.

Agent des Prozesses war das geschmolzene Blei. Das flüssige Metall setzt sich vom leichteren Bleioxid (der Bleiglätte) ab, das oben schwimmt. Unter Zufuhr von Sauerstoff oxidiert das Blei so lange, bis das Silber übrig bleibt. Es verschwindet bei der Läuterung allerdings nie ganz. Deshalb lässt sich schon an den frühesten Silberartefakten aus Griechenland und der Türkei nachweisen, dass sich dieses Edelmetall der Kupellation verdankt.

Abgezogen wird die Bleiglätte mit einem Metallhaken, der dann unter Wasser abgeschreckt wird. So entstehen die Bleiglätteröhrchen, dank derer die Ausgräber auch die römische Silbergewinnung am Lüderich nachweisen konnten (siehe auch das folgende Kapitel zum Bleiabbau im Bergischen).

Die Kupellation oder Läuterung hatte sich schon sehr lange bewährt, ehe die Römer sie zur Silbergewinnung am Lüderich nutzten. Historisch gesehen war es der erste Trennungsprozess, den die Menschen auf Basis der Chemie vollzogen, und er blieb bis in die Frühe Neuzeit das Mittel der Wahl.

Bleibt nur noch die Auflösung des Silberblicks im Titel. Im Zuge der Läuterung bleibt vom Bleioxid zuletzt nur noch eine dünne Haut. Wenn dieses Lid aufreißt, kommt darunter das Edelmetall zum Vorschein.

WILDBERGER SILBER

Am 1. August 1167 schenkte Kaiser Friedrich I., auch bekannt als Barbarossa, seinem „Erzkanzler von Italien" und Kölner Erzbischof Rainald von Dassel „unseren ganzen Hof in Eckenhagen" mit den Silbergruben. Dass die Gruben eigens genannt wurden, lässt auf eine hohe Ergiebigkeit schließen. Obwohl „für ewige Zeiten" vergeben, blieb das Bergwerk nur etwa 90 Jahre im Besitz der Kölner Kirche. 1257 ging die Gerichtsgewalt endgültig an die Grafen von Berg, offenbar einschließlich der Verfügung über das Wildberg-Eckenhagener Silber. Eine 1275 abgefasste Urkunde des Königs Rudolf I. bestätigte den Bergern, „seit alters" in Wildberg Münzen geschlagen zu haben. Graf Adolf V. von Berg wurde außerdem gestattet, die Münzstätte von Wildberg nach Wipperfürth zu verlegen. In der Folgezeit müssen die Bergwerke immer wieder einmal stillgelegen, der Dreißigjährige Krieg wird ein Übriges getan haben. Aber 1718 wurden die Eckenhagener Gruben erneut aufgewältigt und 1738 prangte auf der Umschrift einer Feinsilbermünze der Spruch: „Deus servet Metallifodinas Montenses" – Gott segne die bergischen Erzgruben. Zur Regierungszeit Karl Theodors von der Pfalz (1742–1799) hieß es auf den Silbergeldstücken sogar präzise: „Ex visceribus Fodinae Wildberg(ensis)" – Aus den Tiefen der Wildberger Grube. Um 1765 ruhte die Silber-gewinnung wieder, wohl wegen zu geringer Ausbeute.

„Wildberger Taler" mit dem Porträt des Landesherren

Nicht nur ein „plumbum germanicum"

Der Werkstoff Blei

Schon zur Römerzeit ging die Gewinnung von Blei und Silber oft Hand in Hand. Doch der hohe Bleibedarf diktierte das Abbaugeschehen. Folgerichtig findet das Schwermetall auch die besondere Aufmerksamkeit der Archäologen. Dabei fällt es nicht immer leicht, ältere und jüngere Abbauspuren voneinander zu unterscheiden.

Zumal die Ausgräber in den wichtigsten Bergbau-Distrikten feststellen konnten, dass hier schon nach Bleierz gegraben wurde, bevor die Römer kamen. Sowohl am Lüderich als auch im Bereich Königswinter-Bennerscheid/Hennef-Uckerath ließen sich frühere Aktivitäten belegen.

Nahe der Abbaustätte im Rücken des Siebengebirges liegt ein Ringwall, der bereits während der späten Eisenzeit angelegt wurde. Die Umwehrung legt nahe, dass hier die Bodenschätze sicher aufbewahrt werden sollten. Wie zur Bestätigung fanden die Ausgräber auf dem Gelände einen „45 Kilogramm schweren fladenförmigen Bleibarren".

Die Römer schätzten die vielseitige Verwendbarkeit des Schwermetalls außerordentlich, ihre einschlägigen Handelsbeziehungen reichten bis weit ins Feindesland. Einige Stempel auf gefundener Handelsware nennen sogar einen Unternehmer mit Namen.

Die Gruben im Bergischen profitierten von ihrer Grenznähe, die Colonia Agrippina als Provinzhauptstadt lag nur eine Tagesreise vom Lüderich entfernt. An dieser lang gestreckten Erhebung im Bereich Rösrath/Overath wurden die Lagerstätten wohl von der Armee ausgebeutet, im Bereich Königswinter/Hennef könnte der Abbau in privater Hand gelegen haben.

Die Grube Bliesenbach (Engelskirchen) lag etwas tiefer im Barbaricum. Auch hier wurde damals nach Bleierz geschürft. Die Anwesenheit antiker Bergleute bezeugen Keramikfunde der Jahre um 20 n. Chr., also der frühkaiserzeitlichen Periode. Die ergrabene Töpferware stammte zum Teil aus dem Mittelmeergebiet.

Offenbar dauerte es, bis bergmännische Aktivitäten im 12./13. Jahrhundert wieder aufgenommen wurden. Für diese Zeit kann eine enge Verbindung zwischen bergischem Bleibergbau und der Metropole Köln vorausgesetzt werden. Immer wieder fällt der Name des Fürsterzbischofs Konrad von Hochstaden, der 1248 den Grundstein zum gotischen Dom legte. Das führt fast unvermeidlich zum Werkstoff Blei, mit dem die feineren Architekturelemente verfugt wurden. Später mussten allein für die Dachhaut des Chors gewaltige Mengen aufgewendet werden. Leider findet sich in den schriftlichen Quellen keine Handhabe, um eine Belieferung der gotischen Baustelle durch Lüdericher Blei nachzuweisen.

Bleiverguss an einem Naturstein-Werkstück

Vor 1518 lässt sich der hiesige Bergbau nicht urkundlich fassen. Einmal mehr kann die Archäologie beispringen. In einem aufgegebenen Schacht fand sich bergmännisches Werkzeug (Gezähe) aus der Zeit um 1250. Für den Bennerscheider Distrikt haben die Ausgräber Bleierzabbau und Verhüttung belegen können, die ins 12. Jahrhundert datieren. 1401 waren die Gruben hier in Betrieb, dann schweigen für lange Zeit die Quellen. Einiges Aufsehen erregte der Fund von Kölner Silbergeld im Bliesenbacher Grubengelände, die Münzen wurden unter dem Kölner Fürsterzbischof Arnold I. (reg. 1137–1151) geprägt. Auch hier wurde Gezähe aus dem 13. Jahrhundert entdeckt.

Immer wieder einmal lagen die Bergwerke still. Zu einem kontinuierlichen Betrieb kam es erst unter dem Horizont der Industrialisierung, also in der zweiten Hälfte des 19. Jahrhunderts. Nun allerdings ging die Bedeutung der Bleierze zurück und Zink stand im Fokus. Doch das ist eine andere Geschichte.

Markante Lagerstätte
Das Kupfer und sein Berg

Kupfer fiel in den meisten bergischen Gruben an. Aber die Erze von Blei und später Zink spielten stets die größere Rolle. Allerdings gab es eine, urkundlich früh belegte Ausnahme.

Kupfer war bei den bergischen Lagerstätten häufig mit von der Partie, fand aber weniger Beachtung. Um den Kupferabbau Böcklingen („Buckelingin", heute Gemeinde Morsbach) ging es immerhin schon 1311. Nach einem Schiedsspruch zugunsten des Grafen von Berg fiel an ihn der Bergzehnt, den der Graf von Sayn dem Berger streitig machen wollte. Nur ist über dieses Bergwerk nichts weiter bekannt.

Die Gruben um Wipperfürth-Kupferberg hinterließen in den Urkunden deutlichere Spuren. Bereits 1443 erscheint die Ortschaft „Kopperberge" in den Einkünften und Rechten des Kölner Apostelnstifts, die der Wipperfürther Pfarrer Volmar de Helden festhielt. Direkt auf den Kupferbergbau bezieht sich der Einspruch des Wipperfürthers Johann Grayß. Er beklagte sich bitter bei seinem Landesherrn, dass er sowohl an der Förderung von Kupfererz als auch am Betrieb seiner Schmelzhütte unrechtmäßig gehindert werde. Die Ortsangaben des Johann Grayß lassen sich schlüssig auf den nahen Kupferberg beziehen.

Dann schweigt die Überlieferung bis etwa zur Mitte des 18. Jahrhunderts. Jetzt befanden sich Hückeswagener Kaufleute hier im Besitz kleinerer Gruben. Ende 1774 ist vom „Danielszug" die Rede; er wird mit der Geschichte des Abbaus eng verbunden bleiben. Wurde das Erz bisher nur im Tagebau gewonnen, ging es nun untertage.

Betriebsgebäude des Bergwerks „Danielszug", Wipperfürth-Kupferberg, 1905

Vom 28. Oktober 1780 datiert die Belehnungsurkunde mit genaueren Angaben zum Bergwerk selbst und seinen Besitzern. Bis 1822 betrieb der Hückeswagener Johann Peter Scheidt die Grube. Das Metall wurde in einer nahe gelegenen Hütte erschmolzen.

Nach einem raschen Wechsel der Eigentümer, darunter die Metallurgische Gesellschaft zu Stolberg, bedeutete das Jahr 1899 einen wirklichen Einschnitt in der Grubengeschichte. Die Gewerkschaft Kupferberg zu Düsseldorf übernahm das Regiment. Offenbar beurteilte sie die Lagerstätte als derart ertragreich, dass sich eine umfassende Reorganisation lohnte. Weil auch in diesem Geschäft der Transport ein wichtiger Kostenfaktor war, versprach die 1910 neu eröffnete Bahnstrecke Halver–Wipperfürth einen höheren Ertrag für das Unternehmen. Bis zu 264 Arbeiter waren hier beschäftigt. Nun galt der Danielszug als „bedeutendstes Kupferbergwerk des Bergischen Landes".

Dass auch hier nicht alles Gold (respektive Kupfer) war, was glänzte, zeigt die vorübergehende Stilllegung des Betriebs 1911. 1921/22 wurde der Kupferberg liquidiert, die meisten oberirdischen Anlagen verschwanden.

Eine „Gewerkschaft Danielszug" eröffnete 1938 das bergmännische Geschehen erneut. Der Betrieb sollte rasch unter die Bedingungen der Kriegswirtschaft geraten, die ein Unternehmen nicht an seiner Profitabilität maß. Sonst wäre die Förderung am Kupferberg niemals rentabel gewesen.

Die Schufterei untertage hatten Kriegsgefangene und ausländische Zwangsarbeiter zu leisten. 1944 mussten hier 350 Menschen ihrer erzwungenen Beschäftigung nachgehen, der Abbau wurde bis in eine Tiefe von 380 Metern erweitert. Zum Bergwerk gehörten ein großes und zwei kleinere Lager, in denen die Arbeiter untergebracht waren. Ein Gedenkort für die verstorbenen Zwangsarbeiter befindet sich auf dem Friedhof von Wipperfürth-Kreuzberg.

Mit der zerstörten Wasserkunst kam das Bergwerk 1945 unwiderruflich zum Erliegen. Der neu angelegte Grubenwanderweg erschließt mit sieben Tafeln seine Geschichte. Größtenteils aber ist das Gelände überbaut. Wer auf ein Erzstück mit Kupferkies stößt, ist auf jeden Fall ein glücklicher Finder.

Lange unerkannt
Zink, das „spröde Metall"

Der Zusatz „das achte Metall" deutet auf eine Verspätung hin: Zink konnte sich lange tarnen. Unter dem Horizont der Industrialisierung aber sollte es zu einem sehr gefragten Bodenschatz werden. Das Bergische Land profitierte stark davon.

Zufall oder Notwendigkeit, jedenfalls sind die „klassischen" Metalle sieben an der Zahl (Gold, Silber, Kupfer, Zinn, Blei, Eisen, Quecksilber). Als Nachzügler tritt zur symbolschwangeren Sieben „das achte Metall" Zink hinzu, gelegentlich muss es sich den achten Platz mit dem Platin teilen.

Lange bevor es aus der metallurgischen Anonymität heraustrat, spielte Zink schon eine wichtige Rolle. Es steckte im Galmei, einer oft nur bröckligen Masse, die sich mit Kupfer zu Messing verband. So war Galmei ein begehrter, wenngleich undurchschauter Bodenschatz. Seine großen Abbaugebiete lagen weiter westlich, doch auch im Bergischen wurden Schürfrechte auf Galmei vergeben.

Es sollte bis weit ins 18. Jahrhundert dauern, ehe sich reines Zink gewinnen ließ. 1746 konnte der Chemiker Andreas Marggraf Zinkdämpfe unter Luftabschluss destillieren und so flüssiges Metall erschmelzen. Zeitgleich fand man auch in England, hier nach der Methode Versuch und Irrtum, ein ähnliches Verfahren. Auf der Insel entstanden die ersten Zinkhütten.

Während Galmei eine erprobte Substanz war, wurde die Zinkblende (bergmännisch für Zinksulfid oder Sphalerit) lange nicht als Zinkerz erkannt. Noch in den 1830er-Jahren sei die Blende beim Bau der Straße Köln–Olpe unbeachtet weggeräumt worden, ganz im Gegensatz zum Bleierz, das sich dort ebenfalls fand. Übrigens spielt der Wortteil „-blende" darauf an, dass man bei diesem Erz nicht so recht ans Metall glauben wollte, es für einen Blender hielt. Aber als die industrielle Zinkproduktion im Bergischen Fuß gefasst hatte, kam es zu einem „Zinkrausch". Die sprunghaft gestiegene Nachfrage resultierte vor allem aus der hohen Korrosionsbeständigkeit des Metalls.

Wie die Industrialisierung Festlandeuropas insgesamt, ging auch die industrielle Zinkproduktion von Belgien aus. Die „Société des mines et fonderies de zinc de la Vieille-Montagne" (VM, Gesellschaft der Zink-Bergwerke und -Hütten) mit Sitz in Lüttich hatte ihre ergiebigste Fundstätte im grenznahen Kelmis, der „Alte Berg" dort gab der Gesellschaft den Namen (Vieille Montagne).

Betriebsanlagen der Grube Castor, Engelskirchen-Loope, 1895

Seit 1816 hieß das Zentrum des Galmeivorkommens Neutral-Moresnet. Wegen der wirtschaftlichen Bedeutung bildeten seine 3,4 Quadratkilometer bis 1919 eine Art Kleinststaat. Die Niederlande (ab 1830 Belgien) und Preußen (ab 1871 Deutsches Reich) hatten sich nicht auf eine Zugehörigkeit zur einen oder anderen Nation verständigen können. An dieses bizarre Kapitel Territorialgeschichte erinnert sogar ein Name viel weiter östlich. Neu-Moresnet hieß ebenfalls eine Grube im Engelskirchener Ortsteil Kaltenbach: Ab den 1850er-Jahren erwarben die Belgier sukzessive fast alle Gruben im Rechtsrheinischen.

Kleiner Nachtrag: Wer heute im Internet nach Zink fahndet, wird zunächst im Bereich Gesundheit fündig. Es gibt da jede Menge Mittelchen, Zink wird sogar als „Alleskönner" angepriesen. Doch Achtung: Hier ist nur vom „Spurenelement" Zink die Rede.

Der Kalk und die Braunkohle
Eine Gladbacher Allianz

Im Bergischen RheinLand steht Kalkgestein nicht häufig an. Aber dort, wo es vorkommt, wurde es auch genutzt, ganz profan als Mauerwerk, aber eben auch als veredeltes Produkt. Die enge Verbindung von Braunkohle und Branntkalk gehört jedoch nur zu Bergisch Gladbach.

Leicht beschleicht einen das Gefühl pflichtschuldigen Beginnens, wenn zuerst von den Römern die Rede sein muss. Aber in diesem Fall ist es eine unerwartete Entdeckung und außerdem eine ziemlich junge. Vor einigen Jahren fielen einem Crossläufer im Lerbacher Wald ein paar Dachziegelscherben ins Auge. Sie konnten von den zuständigen Archäologen einer römischen Kalkbrennerei zugeordnet werden.

Offenbar kam das (zerkleinerte) Gestein aus der Paffrather Kalkmulde schon zur Römerzeit ortsnah in die Öfen. Bei Temperaturen von rund 1.000 Grad Celsius wurde es erhitzt (Branntkalk) und verlor dadurch deutlich an Gewicht und Festigkeit. Die porösen Stücke ließen sich anschließend zu Pulver vermahlen.

Kalkwerk in der Schlade, Bergisch Gladbach, um 1905

Einmal mehr bestätigte der Fund einer römischen Kalkbrennerei, dass der grenznahe rechtsrheinische Raum enge Wirtschaftsbeziehungen zu den Besatzern auf der anderen Rheinseite unterhielt. Die viel beschäftigten Bauleute der aufstrebenden Colonia Agrippina werden die Nähe zum Rohstoff besonders geschätzt haben. Um als Mörtel und Tünche zu dienen, musste dem Branntkalk allerdings Wasser zugesetzt werden (Löschkalk).

Der zweite Strang unserer Erkundung ist der Braunkohleabbau und macht einen Zeitsprung nötig. Ein bemerkenswert früher Hinweis findet sich 1622 im Testament des Kaspar von Zweiffel. Diesem Dokument zufolge wurden zum Brand von Kalkstein „Kollen" eingesetzt. Im 18. Jahrhundert kam diese Kohle öfter in Gebrauch, die Quellen sprechen von Trass. Die Bezeichnung irritiert: So heißt im Rheinland sonst der Tuff aus verfestigter vulkanischer Asche.

Ein hochwertiges, also energiereiches Material war diese Braunkohle nicht. Doch sie stand hier in erheblichen Quantitäten an. Gut 432.000 Tonnen wurden im Umfeld von Bergisch Gladbach zwischen 1857 und 1883 gewonnen. Noch wichtiger: Die Braunkohle fand sich in direkter Nähe zum Kalkstein. Damals, als die Rentabilität eines Geschäfts leicht an den hohen Transportkosten scheitern konnte, war das ein unschätzbarer

Vorteil. Bleibt nur hinzuzufügen, dass die Gewinnung dieses Trasses nicht ganz unproblematisch war. Es mussten Mittel und Wege gefunden werden, um einen Tagebau nicht durch Wassereinbruch zu gefährden.

Die große Nachfrage nach Branntkalk in der zweiten Hälfte des 19. Jahrhunderts hat mit Köln zu tun. Die Stadt erlebte damals einen Bauboom, der die Betreiber von Kalköfen aller Absatzsorgen enthob. Verlässliche Zahlen gibt es nicht, aber es werden in der Region rund 45 Öfen gewesen sein. Zwei davon sind in unmittelbarer Nähe des Bahnhofs erhalten, diese Kalköfen Cox wurden noch bis 1958 genutzt. Und eine Lokomotive, die heute vor dem Bergischen Museum für Bergbau, Handwerk und Gewerbe in Bensberg steht, zog noch bis 1979 den Kalkstein und Dolomit mitten durch die Bergisch Gladbacher Innenstadt.

Tempi passati. Eng verbunden aber mit den Betreibern der genannten Kalköfen ist das Naturschutzgebiet Grube Cox, wo noch bis 1985 Dolomit gebrochen wurde. Hier fand über nicht einmal zwei Jahrzehnte der äußerst robuste Abbau eines allerdings besonders wertvollen Gesteins statt. Der hiesige Dolomit war von solcher Reinheit, dass er als Zusatz bei der Herstellung von Spiegelglas diente. Ursprünglich sollte die Grube ganz verfüllt werden, blieb aber mit ihren fünf Wasserflächen erhalten. Jetzt ist sie der Rückzugsort für eine bemerkenswerte Pflanzen- und Tierwelt.

Braunkohlegrube Johann Wilhelm („Zanders Trasskuhl"), 1907

KALK UND WALD

Im Bereich der Schönenberger oder Ruppichterother Kalkmulde lässt sich die Kalkbrennerei bis ins Jahr 1532 urkundlich zurückverfolgen, ist aber zweifellos älter. Recht
früh gab es Ermahnungen, den Holzverbrauch der Kalköfen möglichst gering zu halten.
Im 18. Jahrhundert spitzte sich die Lage offenbar zu. Ein „regelrechter Holz- und
Kalkkrieg" (Günter Benz) brach Anno 1748 aus. Viele Ruppichterother wehrten sich
gegen das „höchstschädliche Kalkbrennen". Die Befeuerung der zahlreichen Öfen
habe dazu geführt, dass die Waldungen völlig verhauen seien. Kurfürst Karl Theodor
von der Pfalz, auch Herzog von Jülich-Berg, musste eingreifen. Da die Notwendigkeit
des Kalkbrennens nicht in Abrede zu stellen war, blieb nur ein Vorschlag zur Güte.
Der Brennbetrieb sollte reduziert werden – und das Brennmaterial nicht aus dem
Kirchspiel Ruppichteroth kommen. Die Urkunden geben keine Auskunft darüber, ob
sich die Lage besserte. Jedenfalls blieb das Problem bis weit ins 19. Jahrhundert
akut. Der Kreisphysikus stellte noch 1825 fest: „Der Hochwald ist hier gleich null und
die Niederwaldungen meist nur Gestrüpp und was noch vorhanden ist, wird durch die
Kalkbrennerei verzehrt." Es sollte über die Jahrhundertmitte hinaus dauern, bis die
Kalköfen mit Steinkohle betrieben werden konnten – bis also auch hier der „unterirdische Wald" (Rolf Peter Sieferle) dem Verschwinden des oberirdischen Einhalt gebot.

Bergische Unterwelt
Die Höhlen im Kalkstein

Die Zwergenhöhle von Herrenstrunden hat Eingang in den bergischen Sagenschatz gefunden, auch an die Zwergenhöhle von
Lindlar-Scheel knüpft sich eine Koboldgeschichte. Doch ein Zau-
berreich bieten hier andere unterirdische Lokalitäten. Eine davon
führt sogar einen Superlativ: längste Höhle Nordrhein-Westfalens.

Etliche Höhlen wurden beim Kalksteinabbau entdeckt. So erhielten sie nicht
gleich die verdiente Aufmerksamkeit. Als sich die Wiehler Tropfsteinhöhle
1860 bei Sprengungen zu erkennen gab, nutzte man dieses „Loch", um hier

das unbrauchbare Gestein zu verkippen. Dass dabei mancher Stalaktit zu Bruch ging, lässt sich denken.

Es lag eben kein schlichter Hohlraum vor. Vielmehr führte die Wiehler Tropfsteinhöhle weit in den Pfaffenberg hinein. Sie ist samt Nebengängen 1.500 Meter lang und seit 1927 für das Publikum auf 400 Metern präpariert.

Die Höhle entwickelte sich über einen relativ kurzen Zeitraum. Denn ihr Kalkzug gehört nicht zu einer mächtigen Formation, sondern ist ein durchaus begrenzter Komplex, ummantelt von Sandsteinen und Tonschiefern.

Steter Tropfen höhlt den Stein, aber er bildet auch Steine. Indem kohlesäurehaltiges Wasser durch Ritzen und Spalten sickert, löst es den festen Verbund und fällt Kalzit aus. So werden über Jahrtausende jene Gebilde geschaffen, die von den Menschen fantasievoll gedeutet werden, im Fall der Wiehler Tropfsteinhöhle etwa als Elefantenkopf. Ihren ganzen Zauber entfaltet diese unterirdische Wunderkammer in der sogenannten Kristallgrotte. Dicht mit Kalkspat besetzt, gleißt sie im Licht.

Ein gewisses Kontrastprogramm bietet die Aggertalhöhle. Sie geizt mit Tropfsteinen: Über ihrem Hohlraum lag dichter Tonschiefer, deshalb fand das kohlensaure Wasser kaum Wege, um seine auflösende Wirkung zu entfalten. Stattdessen blieb unter der Erde eine urtümliche Karstlandschaft erhalten. So unterrichtet diese Höhle deutlicher über die Lebensverhältnisse vor etwa 390 Millionen Jahren. Flache, durchwärmte Meeresbereiche in Küstennähe ermöglichten die Ansiedlung von Riffbildnern, deren versteinerte Überreste in der Aggertalhöhle so eindrucksvoll gegenwärtig sind.

In enger Nachbarschaft liegt das Windloch. Es entstand vor etwa 390 Millionen Jahren in den Hobräcker Schichten des unteren Mitteldevons und damit in einer durchwachsenen Formation, die nicht nur aus biogenem Kalkstein besteht. Über 30 Jahre konnte der Arbeitskreis Kluterthöhle hier nur einem Verdacht nachgehen: Erst 2019 hat er diese Höhle wirklich entdeckt. Und keineswegs sind alle Rätsel schon gelöst. Beispielsweise hat die (nicht der) Walbach ihren unterirdischen Verlauf durch den Mühlenberg noch immer nicht preisgegeben – und doch muss der Bach seinen Weg durch dieses Höhlensystem nehmen. Schon in seiner vorläufigen Kartierung erweist sich das Windloch als teilweise äußerst verästelt.

Zunächst galt die Faszination der Entdecker einer Unterwelt, „die noch nie eines Menschen Fuß betreten hatte". Die Euphorie ließ sich steigern. Im Lichtkegel ihrer Lampen erstrahlten Gebilde, die ihnen den Atem verschlugen. Hier wuchsen aus einem Aragonit-Stamm Kronen, deren Gewirr aller Statik zu spotten scheint. Die weltersten Windloch-Betreter nannten sie „Bäume des Glücks". Womöglich noch begeisterter waren sie über die sogenannte „Hydra". Fast anderthalb Meter groß, hing dieses Aragonit-Gewölk von der Decke herab.

Gespinst aus „Eisenblüte" im Windloch in Engelskirchen-Ründeroth

Allerdings: Das Windloch ist nicht zu besichtigen, seine fragile Natur fordert unbedingten Schutz. Doch soll an der Aggertalhöhle ein Zentrum entstehen, das die virtuelle Begehbarkeit des Windlochs ermöglicht (und außerdem die Umgebung der Aggertalhöhle aufwerten könnte). Übrigens lässt sich inzwischen sicher sagen, dass die bekannte Höhle einst zum benachbarten Kavernennetz gehörte. Aber auch ohne sie ist das Windloch mit seinen über 8.000 Metern die längste Höhle Nordrhein-Westfalens.

Fast vergessen

Lindlarer „Marmor"

Zugegeben, der Lindlarer „Marmor" steht im Schatten der bekannteren Grauwacke. Dabei hat dieser Marmor an der heimischen Kunstgeschichte durchaus mitgeschrieben. Allerdings geriet seine Rolle bald in Vergessenheit. Manchmal hat die Suche nach Objekten aus diesem Werkstoff einige Mühe gekostet.

Es hilft nichts, den Anfang muss eine Begriffsklärung machen. Unter Marmor verstehen die Geologen einen unter hohem Druck umgewandelten Kalk-, jedenfalls Karbonatgestein, dessen kristalline Struktur infolge hohen Drucks und hoher Temperatur dichter organisiert ist. Steinmetze fassen den Begriff weiter: Sie nennen jeden polierfähigen Kalkstein Marmor. Solch ein technischer Marmor ist der Lindlarer. Er entstand während des Mitteldevons, aber anders als bei den älteren Grauwacken sind hier die Meeresablagerungen von entscheidender Bedeutung. Was im polierten Stein als lebhafte Maserung erscheint, sind versteinerte Zeugnisse eines bewegten Lebens unter Wasser vor etwa 380 Millionen Jahren.

Dem gewinnträchtigen Abbau des Lindlarer Marmors standen manche Hindernisse im Weg. Es klingt nach Resignation, wenn der damalige Lindlarer Bürgermeister Alexander Court 1825 zurückblickt: „In der Vorzeit ist hier viel Marmor mit der Hand geschnitten und geschliffen worden, weil aber die Eingesessenen zu arm, die Wege zu schlecht und gegen andere Gegenden, wo der Marmor mit Maschinen geschnitten und geschliffen wurde, keine Konkurrenz gehabt, so ist das Ganze in Verfall geraten."

Aus Courts Aufzeichnungen geht außerdem hervor, dass der Werkstoff an mehreren Stellen gebrochen wurde. Und von ihm stammte auch die Auflistung der farblichen Varianten des Gesteins. Sie lässt sich im Fall der Objekte als ersten Hinweis auf den Abbauort heranziehen. Historisch bedeutend war die „Wacholderkuhle" bei Lindlar, die sich noch heute im Gelände ausmachen lässt.

Anders als im Fall der Grauwacke gibt es beim Lindlarer Marmor keine aktiven Abbaustellen mehr. Auch daran mag es liegen, dass der Stein aus dem Blickfeld verschwand. Immerhin hielt sich lange Zeit das Gerücht, der Jan Wellem des berühmten Düsseldorfer Reiterdenkmals sitze einer Sockelplatte aus Lindlarer Marmor auf.

Die Quellen des 17. und 18. Jahrhunderts lassen darauf schließen, dass der hiesige Marmor gern bei den Schlossbauten der Umgebung eingesetzt wurde, vor allem bei ihren repräsentativen Kamin- und Türrahmen. Erhalten sind sie im Schloss Ehreshoven (Engelskirchen), das um 1700 erbaut wurde. Und die barocke Fassung dreier Feuerstellen erfuhr sogar eine Zweitverwendung an einer höchst prominenten Örtlichkeit. Sie fanden aus dem Bensberger Schloss nach Stolzenfels, also in den Schlüsselbau der preußischen Rheinromantik.

Auch die Kirchen der Region bewahren Zeugnisse aus Lindlarer Marmor. In der evangelischen Kirche Volberg (Rösrath-Hoffnungsthal) fand 1703 ein „neuer" Taufstein Aufstellung. Sein derber Barock macht den Zierformen keinerlei Zugeständnisse. Umso lebhafter wirkt die Maserung seines dunklen Steins aus den Schalen der Armfüßer.

Treppe aus Lindlarer „Marmor" im Bürgerhaus Bergisch Gladbach

Aber auch zu einer rheinlandweit einmaligen Architektur hat der Lindlarer Marmor wohl beigetragen. Auf dem Bonner Kreuzberg erhebt sich die Heilige Stiege mit der Treppe Balthasar Neumanns. Viel spricht dafür, dass dieser Aufgang mit seinen 28 Stufen Lindlarer Provenienz ist.

Einen letzten Höhepunkt, fast schon einen Schwanengesang stellen Halle und Treppe im derzeitigen Bergisch Gladbacher Stadthaus dar. 1953 wurden hier Boden und Stufen mit dem fast schwarzen Marmor aus dem Steinbruch Linde bestückt. Schlussfolgerung: Zumindest damals hat er hier noch angestanden, ein Lindlarer Stein, der sich hochwertig verarbeiten ließ.

Ein regionales Leitprodukt
Bergische Grauwacke

Auch im Fall der Grauwacke ist das Wort Bodenschatz keine Floskel. Seit einiger Zeit wird noch stärker auf die Materialgüte des Gesteins abgehoben. Noch wertvoller, jedenfalls für die Wissenschaft, war eine paläobotanische Entdeckung. Etliche Steinbrüche wandelten sich auch zu Naturschutzgebieten.

Bonifatiuspfennige hießen sie, aber auch Hexengeld. Angeblich sollten mit dieser Währung die verstockten Heiden dafür büßen, dass sie an den alten Göttern festhielten. Der Legende nach bestrafte Bonifatius die wechselunwilligen Thüringer, indem er ihr Zahlungsmittel in wertlosen Stein verwandelte.

So führt die fabulöse Deutung einer geologischen Auffälligkeit unter den christlichen Horizont. Die kreisrunden, radialstrahligen Hohlformen werden heute Trochiten genannt. Es sind Stielglieder von Seelilien, die keine Pflanzen, sondern (Meeres-)Tiere waren. Sie starben vor rund 380 Millionen Jahren den Erstickungstod, als ihr Lebensraum, die flachen Küstengewässer, durch immer größere Landmassen zugeschwemmt wurde. Besonders zahlreich finden sich ihre Versteinerungen in den Grauwacke-Formationen des Bergischen Landes, den sogenannten Mühlenberg-Schichten.

Grauwacke: Das Wort stammt aus der Bergmannssprache und bezeichnet Sandsteine des Erdaltertums, die in ihrem Farbwert durchaus changieren können. Ebenfalls geläufig ist die Wortverbindung Bergische Grauwacke, die allerdings nur als Oberbegriff gelten kann. So ist die Grauwacke aus Reichshof-Odenspiel bis zu 20 Millionen Jahre älter als die bekanntere aus Lindlar und unterscheidet sich von ihr auch sonst in mancherlei Hinsicht.

Im Bergischen kam die Grauwacke jahrhundertelang aus kleinen Brüchen. Für die große Tradition als Baustoff zeugt der romanische Turm von Lindlars Kirche Sankt Severin. Ein raumgreifender Abbau wie im Fall der Steinbrüche am Brungerst bei Lindlar ist jedoch erst für das 17. Jahrhundert belegt. Ins Jahr 1706 fiel die Gründung der hiesigen St. Reinoldus Steinhauergilde. Dieser Zusammenschluss macht einmal mehr deutlich, dass viele Menschen beim Steinabbau ihr Brot verdienten.

„Steineklopfer" (Fritz Flocke)

Mit der Industrialisierung stieg die Nachfrage nach Grauwacke. Die verbesserten Möglichkeiten bei der Gewinnung und – ganz wichtig – dem Transport führten dazu, dass immer mehr Brüche eröffnet wurden. Gemessen an der Wirtschaftskraft rangierte 1914 der Gesteinsabbau in Oberberg an zweiter Stelle hinter der Textilindustrie.

Fernab ihrer Vorkommen fanden die Steine häufig als Straßenpflaster Verwendung. Nur wenige werden gewusst haben, was sie da mit Füßen traten. Dafür ist der lokale Zusammenhang umso deutlicher: Etliche Talsperrenmauern im Bergischen bedienten sich der Grauwacke gleich nebenan.

Inzwischen hat die Natur von älteren Brüchen wieder Besitz ergriffen, sie sind Ersatzlebensräume für wärmebedürftige Pflanzen und Tiere. Allerdings müssen die offen gelassenen Abbaustellen wenigstens teilweise offen bleiben, um bedrohten Tier- und Pflanzenarten Asyl zu gewähren. Gleichen sie sich der umgebenden Natur zu stark an, verlieren sie ihren Charakter als Wärmeinseln.

Soweit die heutigen „Sekundärbiotope" von Gehölzen bedrängt werden, deuten sie in die Tiefen der Erdgeschichte zurück. Spät gelang den Paläontologen in der Lindlarer Grauwacke eine spektakuläre Entdeckung. Hier ließ sich die Existenz jener ersten Landpflanzen nachweisen, die als echte Bäume angesprochen werden können. Und flugs zum „ältesten Wald der Welt" erklärt wurden.

Das härteste, daher wertvollste Gestein stammt aus den Tiefen der Mühlenberg-Formation und ist härter als Granit. Die eher unangenehme Erfahrung, auf Granit zu beißen, könnte demnach vom Bild her noch übertroffen werden: nämlich auf Bergische Grauwacke zu beißen. Was zum Selbstbild der Region nicht übel passen würde.

Abbau im Hinterland

Die Basaltsteinbrüche von Eitorf-Stein und Windeck-Kuchhausen

Die Basaltvorkommen von Eitorf-Stein und Windeck-Kuchhausen liegen nah beisammen. Beide gehören zum (tertiären) Westerwald-Vulkanismus, beide haben eine Abbauvergangenheit. Beide stehen heute unter besonderem Schutz, Eitorf-Stein sogar unter Naturschutz.

Verglichen mit den Grauwacken und Kalksteinen haben die (erloschenen) Westerwald-Vulkane ein fast jugendliches Alter. Ihre Geschichte beginnt vor rund 25 Millionen Jahren. Anders als die Sedimentgesteine mit ihrem „stillen Werden" verdanken sie ihre Existenz einem spektakulären Geschehen. Damals tat sich hier die Erde auf und glutflüssige Gesteinsschmelze überzog große Teile der Region mit einer kompakten Decke.

Allerdings liegen die Vulkane des Bergischen RheinLands vereinzelt am nördlichen Rand der Ausbrüche. Der von Windeck-Kuchhausen gehört insofern zu den unvollendeten, als er die Oberfläche nur zum Teil erreichte. Das Magma konnte zwar das Grundgebirge durchstoßen, blieb aber größtenteils im trichterförmigen Schlot stecken. Sein Basalt bildet ein ovales Feld von etwa hundert Metern Länge.

Der Vulkan im heutigen Eitorf-Stein entstand vor etwa 19 Millionen Jahren. Hier konnte sich die Lava aus dem Schlot nach Südosten ergießen und eine kleine Senke füllen. So bildete sie eine beachtliche Auflage. Sehr schön ausgebildet sind hier die einzelnen vier- bis sechseckigen Säulen, zu denen das Gestein erkaltete. Noch heute erreichen sie eine Höhe von 15 bis 20 Metern. Ihre klaren Kanten deuten auf einen raschen Abkühlungsvorgang hin.

Das Basaltvorkommen von Windeck-Kuchhausen hat den anschau-
lichen Namen: Vulkankrater Blauer Stein. Das „Blau" soll sich dem feuchten
Gestein in seinem Inneren verdanken, während die äußeren Partien grau
angelaufen sind. Die gängige Bezeichnung „Basaltkrater" könnte jedoch
zu Missverständnissen führen. Der Krater geht nicht auf das Ausbruchs-,
sondern auf das Abbaugeschehen zurück, ist demnach alles andere als
natürlichen Ursprungs.

Belegschaft vor der Wand des Basaltsteinbruchs in Hennef-Eulenberg

Im Verlauf der Industrialisierung ging es auch diesen beiden Vulkanen ans Gestein. Allenthalben kam es zum Bau neuer Eisenbahnstrecken und Straßen, hoher Bedarf herrschte an Schotter und Pflastersteinen. 1888 entstand die „Linzer Basalt-Actien-Gesellschaft", Linzer heißt sie noch heute nach ihrer Hauptverwaltung am Unteren Mittelrhein. Gegründet wurde sie aber in Köln, damals nicht nur von drei deutschen Steinbruchbesitzern, sondern auch von mehreren Kaufleuten aus den Niederlanden.

Ab Ende des 19. Jahrhunderts gewann das Unternehmen den Basalt von Kuchhausen. Im wörtlichen Sinn lag nahe, dass massivere Stücke auch zur Befestigung der Siegufer dienten. Weiter entfernt war dem Kuchhausener Gestein eine ähnliche Aufgabe zugedacht. Hier kamen die niederländischen Kaufleute ins Spiel: In ihrer Heimat diente der Basalt zum Schutz der Küsten. Dorthin ging ebenfalls ein Teil des Basalts von Eitorf-Stein, der erst in den 1920er-Jahren und noch einmal seit 1956 abgebaut wurde, diesmal von der Kölner Dolerit-Basalt AG. Aber schon 1967 ruhte der Betrieb wieder, nicht zuletzt aufgrund von Einwohnerprotesten.

Der Abbau im Windecker Steinbruch endete schon während der 1920er-Jahre, in den 1970er-Jahren nahm sich der „Bürger- und Verschönerungsverein Leuscheider Land e.V." des „Basaltkraters" an. Er ist seitdem Naturdenkmal und attraktives Ziel für Wanderer. Der Eitorfer Basalt-Steinbruch liegt heute in einem Naturschutzgebiet. In diesem Sekundärbiotop geht es insbesondere um den Schutz der gefährdeten Gelbbauchunke. Beide Nutzungen lassen sich als versöhnliches Ende begreifen.

FLÜSSE UND VERKEHRSWEGE

Flüsse gaben in der Vergangenheit den Weg von Bahnlinien vor: Wupper-, Sieg(tal)-, Dhünn(tal)-, Bröl(tal)-, Agger(tal)bahn. So gelegen die Namen für die Streckenbezeichnungen kommen, selbstverständlich sind die Talfahrten nicht. Historische Überlandstraßen mieden, wenn eben möglich, die Niederungen. Fuhrwerke liefen hier stets Gefahr, im Morast stecken zu bleiben. Ohne Bahnlinienname blieb die Strunde. Dafür hat sie eine eigene Beziehung zur Papierherstellung, einem Gewerbe mit hohem Wasserverbrauch.

Weiterhin stellte sich bei den Bahntrassen die Frage: Was tun mit den Flüssen? Bei der wichtigsten Verbindung durch das Siegtal wurden Gleiskilometer gespart, indem die Flussschlingen gequert wurden, wo es die Gegebenheiten zuließen. Kuriosum am Rand: Das Naturschauspiel „Siegwasserfall" bei Schladern verdankt seine Existenz dem Eisenbahnbau.

Im Fall von Sieg und Agger hat der Reisende heute noch das Privileg, bei freiem Blick aus dem Fenster die Schönheit ihrer Täler zu genießen. Doch auch bei bahnfernen Flusspartien blieben die landschaftlichen Reize nicht ungewürdigt. Die Wupper hat sogar Vergleiche mit dem Amazonas auf sich gezogen. Und nach dem Entschluss, den Wanderfisch Lachs im Rheinsystem wieder heimisch zu machen, konnte in der dicht umwaldeten Bröl die erste Lachs-Laichgrube entdeckt werden.

Nachtrag: Von etlichen Schienenwegen blieb bekanntlich nur der Name. Aber seit dem Ausrufen der Verkehrswende gibt es Überlegungen, den ein oder anderen Streckenabschnitt längs der Flüsse wiederzubeleben.

Die ehemalige Bahntrasse der Aggertalbahn

Viel geprüfter Fluss
Die Sieg

Es hat sich inzwischen herumgesprochen: Das Tal der mittleren Sieg gehört zu den attraktivsten Flusslandschaften der Republik. Dazu hat auch der Wasserlauf selbst seinen Teil beigetragen. Und manchmal darf er sogar seine Entfesselung betreiben.

Die gesamte Länge der Sieg wird meist mit 155 Kilometern angegeben. Mit dem Blick aufs Bergische RheinLand sei festgehalten: Sobald die Sieg ihr rheinlandpfälzisches Zwischenstück hinter sich gelassen hat, ist aus der Westfälin endgültig eine Rheinländerin geworden.

Am landschaftlichen Reiz ihres Tals haben die sogenannten Umlaufberge großen Anteil. Das sind Erhebungen, die von ehemaligen Flussschlingen modelliert wurden. Auch manche Prallhänge von heute tragen zu einer Siegromantik bei. Die Felswände erheben sich lotrecht aus den Fluten.

So idyllisch hat es hier nicht immer ausgesehen: Seit dem Baubeginn der Siegtalbahn in den 1850er-Jahren musste sich der Fluss oft dem Diktat eines möglichst kostengünstigen Streckenverlaufs beugen.

Auf Fässern montiert: Die Flussbadeanstalt der ev. Internatsschule Windeck-Herchen, um 1925

Auf den spektakulärsten Eingriff geht der „Wasserfall" in Windeck-Schladern zurück. Er gilt heute als Naturschauspiel, die Staumauer und die Wasserfläche vor ihr lassen seine Künstlichkeit erkennen. Andere Eigenmächtigkeiten, die sich die Ingenieure damals gegenüber der Sieg herausnahmen, sind im Gelände kaum mehr auszumachen.

Szenenwechsel: Am 21. Mai 1971 erschien in der „Rhein-Sieg-Rundschau" eine ungewöhnliche Annonce. „Nach jahrelangen, heimtückischen Anschlägen ist unser schöner Heimatfluss DIE SIEG ihren acht- und gewissenlosen Kontrahenten erlegen." Auch ohne den schwarzen Trauerrand war die Botschaft deutlich. Kurz gesagt: Die Sieg hat einen langen Leidensweg hinter sich und die heutige Gewässergüte ist alles andere als eine Selbstverständlichkeit.

Aber die Todesanzeige zeigte auch: Es gab an der Sieg immer Menschen, die sich gegen „die Urheber dieser Naturkatastrophe" (also einer menschengemachten) zur Wehr setzten. Offenbar war im Gedächtnis der Sieg-Anrainer geblieben, dass ihr Fluss einst ein berühmtes Fischgewässer war. An der unteren Sieg hatten die Fänge ganze Dorfgemeinschaften in Lohn und Brot gesetzt.

Es dauerte bis zur Mitte der 1980er-Jahre, aber dann hatte sich die Fischfauna erholt. Ein Zufall ist es nicht, dass die Sieg als Pioniergewässer ausgeguckt wurde. Hier bestanden die besten Erfolgsaussichten dafür, dass ein neuer Lachsstamm im Rhein heimisch werden konnte.

Um anspruchsvolle Wanderfischarten wieder anzusiedeln, muss zur guten Wasserqualität eine naturnahe Gewässerstruktur treten. Ein wichtiges Datum für die mittlere Sieg ist die Einführung der EU-Wasserrahmenrichtlinie im Jahr 2000. Sie sichert einen umfassenderen Schutz des Elements und ermöglicht hier, dass der Fluss wieder über sich selbst bestimmen kann – wohlgemerkt im Rahmen der Hochwasservorsorge.

Eindrucksvolles Beispiel ist der (Windeck-)Röcklinger Bogen. Hier musste der Mensch nicht einmal Hand anlegen, um den Fluss zu „aktivieren", das geschah nach einem Hochwasser von selbst. Es dauerte keine zehn

Jahre, bis der kleine Altarmrest sich wieder zur durchströmten Rinne entwickelte, also beiderseits Anschluss an den Hauptarm fand.

Zur Ironie auch der Umweltgeschichte gehört, dass sich (nicht nur) an der Sieg ausgerechnet die erneuerbaren Energien querstellen. Die Nutzung der im Prinzip umweltfreundlichen Wasserkraft bedingte die Anlage eines Stauwehrs, das wiederum vielen Fischarten die Wanderwege verbaut. Der Stromlieferant Unkelmühle oberhalb von Eitorf bekam deshalb eine „Pilotanlage Fischschutz und Fischabstieg". Sie verhindert, dass die Tiere in den Turbinen gehäckselt werden. Die Installation ging allerdings erheblich ins Geld. Inwieweit sich eine derart hohe Investition für kleinere Wasserkraftwerke rechnet, steht auf einem anderen Blatt.

Um 1903 (damals nur noch als gestelltes Foto möglich?): Gruppe mit Salmwaage an der Sieg in Hennef

Wald- und Wasseridylle mit der Bahn
Bröl und Waldbrölbachtal

Vielleicht hat es ja programmatischen Charakter: Der erste geschlechtsreife Lachs im Siegrevier wurde 1990 in der Bröl entdeckt. Dieser Fund stimmt zum Bild der Idylle, das vom Bröltal oft gezeichnet wird. Ein Blick auf seine Geschichte lässt an dieser Sicht zweifeln. Jedenfalls dann, wenn hier zwei Wasserläufe statt des einen gemeint sind.

Die häufige Erwähnung einer „Homburger Bröl" lässt stutzen – und womöglich nach einer anderen, also einer zweiten Bröl fragen. Gemeint ist aber immer nur derselbe Wasserlauf, die Unterscheidung ist eine brölinterne. Nahegelegt hat sie der Waldbrölbach. Er mündet bei Bröleck in den Sieg-Nebenfluss. Und bis dahin heißt die Bröl eben oft Homburger Bröl. Unterhalb fällt der Zusatz weg.

Über Bande führt der Vorspruch zu einer Korrektur, wenigstens mit Blick auf die Bröltalbahn. Auf einer beachtlich langen Strecke war sie eine Waldbrölbachtalbahn. Das galt im Übrigen auch für die Bröltalstraße, die heutige B 478. Sie ging dem Bau des Schienenwegs nur um zwei Jahre voraus.

Bröl oder Waldbrölbach: Das ist kein Streit um des Kaisers Bart. Denn im Tal des Nebengewässers spielte die Musik oder wie sich der Lehrer Hagen erinnerte: „Es ging fast so, als hätten wir alle Tage Kirmes." Was war geschehen? Im bisher ganz abgelegenen Tal des Waldbrölbachs wurden Eisenerzvorkommen erschlossen (siehe Seite 59). Die intensive Förderung führte zum Bau einer Straße und einer Schmalspurbahn. Beide gingen derart Hand in Hand, dass ihr Verkehr auf ein und derselben Trasse verlief.

Bahn und Straße endeten zunächst im boomenden Ruppichteroth, 1870 wurde der Schienenweg bis Waldbröl ausgebaut. Was sich nach einer eigentlich folgerichtigen Verlängerung anhört, war tatsächlich ein böses Zeichen. Jedenfalls für Ruppichteroth. Die Erzvorräte waren rasch zur Neige gegangen und mit ihnen die Verdienstmöglichkeiten. „Da auf einmal hörte alles auf", so der Gewährsmann Hagen.

Die mangelnde Auslastung der Schmalspurbahn – lange galt sie als älteste auf deutschem Boden – sollte mit dem Streckenausbau kompensiert werden. Es war nach übereinstimmender Chronisten-Meinung „eine Flucht nach vorn". In der Folge stiegen die Fahrgastzahlen bei gleichzeitigem Rückgang des Güterverkehrs. Übrigens hatte das Verkehrsmittel immer noch keine eigene Trasse und fuhr auf der Straße.

Unter dem Namen Bröltalbahn sollten später noch andere Schienenwege eingerichtet werden, die vorwiegend dem Güterverkehr dienten. Auf der Stammstrecke fuhr der letzte Güterzug 1953, der letzte Personenzug bediente 1954 nur noch das Teilstück Hennef–Ingersauermühle. Im Nachhinein sprach mancher Heimatforscher vom Ende der Bröltalbahn mit Wehmut – und verwies auf das verspielte Potenzial dieser Schmalspurbahn als Touristenattraktion.

Bröhltalbahn bei Hennef-Allner, 1899

Doch nun zu den beiden Bächen: Beide entspringen auf Waldbröler Stadtgebiet. Der Waldbrölbach nimmt seinen Weg – teilweise verrohrt – mitten durchs Zentrum und soll sogar auf den überbauten Passagen wieder freigelegt werden. Seine Quelle liegt westlich der Eisenstraße, hilfreich ist die dortige Hinweistafel. Die Bröl entspringt weiter nordöstlich beim Waldbröler Ortsteil Hermesdorf, um dann ihren Weg durch das viel gepriesene Homburger Ländchen zu nehmen.

Wer von der Bröl und dem Waldbrölbach spricht, darf von ihren prächtig entwickelten Auwäldern nicht schweigen, ihren Eichen-Hainbuchen-Gesellschaften wird sogar „europaweite Bedeutung" zuerkannt.

Und weiterhin wird um die Bröl als „Lachsgewässer" zäh gerungen. Viele Arbeiten zur Behausung des Salmoniden wurden schon durchgeführt, etliche andere stehen noch aus. Es kostet Anstrengungen, selbst einen naturnahen Wasserlauf für den „König der Fische" zurückzugewinnen.

Wasserlauf mit Aufenthalten

Die Agger

„Acchera" heißt sie bei ihrer Ersterwähnung 1071 – ähnlich wie der häufige Flussbeiname „Ache" im Alpenraum. Auch die Lautähnlichkeit vom lateinischen „Aqua" (Wasser) und Agger dürfte kein Zufall sein, die Forschung nimmt ein (vor)germanisches Wort für „treibendes" Wasser an. Von dieser Dynamik profitierte schon Friedrich Engels Vater.

Der Kölner Regierungspräsident hatte den Überblick. Deshalb warnte er 1914 seine Landräte: „In der letzten Zeit tritt das Bestreben industrieller Werke hervor, die Fischerei in solchen unterhalb der Fabrik gelegenen Gewässern aufzukaufen oder zu pachten, die zur Abführung der Industrieabwässer dienten."

Im Allgemeinen bedurfte es solch durchsichtiger Manöver nicht, die unternehmerischen Interessen gingen ohnehin vor. 1914 jedenfalls hatte der Fluss seine Unschuld verloren. Um 1850 begann die industrielle Erschließung des Aggertals, kein halbes Jahrhundert später war aus dem entlegenen Landstrich eine der dichtest industrialisierten Regionen Deutschlands geworden. Die Krawinkels in Bergneustadt, die Sondermanns in Niederseßmar oder die Engels in Engelskirchen – kurz, längs der Agger gaben die Textilfabrikanten den Ton an.

Zu den Pionieren gehörte der Barmer Unternehmer Friedrich Engels sen. (1796–1860). Er hatte an der Agger gefunden, wovon er an der Wupper nicht genug hatte: sauberes Wasser, eine gefällereiche Fließstrecke (siehe Namensdeutung) – und billige Werktätige. Wer wie er der Überzeugung anhing, dass kein Segen der Arbeit gleichkomme, konnte sich an seiner neuen Wirkungsstätte auch als Menschenfreund bestätigt fühlen: „Ich sehe das schon deutlich an Engelskirchen. [...] Jetzt herrscht wirklich schon ein andrer Geist dort, und ich muss mich verwundern, wie mancher frühere Nichtsnutz ein fleißiger Arbeiter und wirklich gesitteter geworden ist."

1837 hatte der Vater des Marx-Kompagnons in Manchester die Firma Ermen & Engels mitbegründet und sich für den Bau einer neuen Baumwollspinnerei in Engelskirchen entschieden, das übrigens schon vor seiner Ankunft so hieß. Von Engelskirchen aus wollte er den deutschen Markt bedienen. Bis in den Dezember 1843 sollte es dauern, dass die ersten Engelskirchener Garne ausgeliefert werden konnten.

Der Betrieb wurde in den Folgejahren stetig ausgebaut, seinen Energiebedarf deckte die Agger – sogar mehr als nur seinen. Bis 1924 lieferten die Turbinen von Ermen & Engels Strom für ganz Engelskirchen. So ist nur konsequent, dass sich das LVR-Industriemuseum mit dem Standort Engelskirchen auf den Kraftwerksaspekt konzentriert hat.

Später zwang die gestiegene Stromnachfrage zum Bau der Talsperre. Aber auch unterhalb ihrer großen Mauer sollten Stauweiher den kleinen Energiehunger stillen. Acht an der Zahl hemmen hier den Wasserlauf, die „kleine Wasserkraft" ist bis heute ein Agger-Thema. Dabei reicht die Nutzung über die Wasserkraft hinaus. So behauptet beispielsweise der Stauweiher Ehreshoven I als „Loopacabana" einen festen Platz im Freizeitgeschehen an der Agger.

Nur gibt die berühmt-berüchtigte WRRL (Wasserrahmenrichtline) vor, die Durchgängigkeit der Flüsse zu fördern. Wie eindrucksvoll das die Agger selbst regelt, hat sie am Engelskirchener Wehr Ohl-Grünscheid gezeigt. Nach dessen (vorläufiger) Stilllegung und dem Winterhochwasser 2019/20 entwickelten sich Fluss und Aue zu imposanter Naturnähe – ganz ohne Hilfestellung des Menschen.

An anderen Flusspartien haben nicht zuletzt die Initiativen des Aggerverbands dafür gesorgt, dass die Agger sich ihren Lebensraum zurückerobert hat. Ebenfalls trägt die „Naturschule Aggerbogen" dazu bei, dem Fluss und seiner Aue die gebührende Aufmerksamkeit zu schenken.

Bannerträger der Region
Die Wupper

Die Wupper bietet so viel Stoff, dass einem angst und bange werden kann. Insofern ist die Eingrenzung auf das Bergische Rhein-Land ein glücklicher Umstand. Er kann das Städtedreieck außer Acht lassen und sich dem Davor und Danach widmen.

„Die Wupper entspringt in Marienheide", genauer „im Ortsteil Börlinghausen". Dort jedenfalls bietet sich ein „Quelltopf" mit Teichfolien-Assistenz als Wupper-Ursprung an. Eine klare Aussage, der nur die Wirklichkeit lästig fällt. Unbestimmter, aber richtiger ist der Titel für das Naturschutzareal: „Quellgebiet der Wupper."

Dieses Gebiet liegt ein paar hundert Meter östlich vom Quelltopf. Und was die Quellen angeht: Über dreißig Wässerchen sollen aus dem Moor dicht an der Landesteilgrenze sickern. Unter dem Schirm eines Birken-bruchwaldes beginnt sich ein Wasserlauf nur zögerlich abzuzeichnen. Der übrigens schon begradigt ist, bevor er die Station Wipperquelle erreicht.

Apropos Wipper: So heißt der Fluss bekanntlich bis Ohl, jedenfalls in den offiziellen Kartenwerken. Die Republik kennt einige Wippern, vor allem diese Mehrzahl beflügelt die Namensdeutung. Wipper soll vom „Wippen des Wassers" herrühren. Was ein wenig zu lautmalerisch klingt, um wahr zu sein.

Am zweiten Wortteil von Wipperfürth gibt es hingegen nichts zu deu-ten. Eine Furt führte hier durch den Fluss, „Weperevorthe" heißt der Ort bei seiner Erstnennung 1131. Und vielleicht ist die Erinnerung nicht ganz überflüssig: Auch Furten waren wichtige Ressourcen.

Vor dem Stau: Das Tal der Wupper bei Radevormwald-Krebsöge, um 1950

Dank einer Furt konnte hier die Heidenstraße den Fluss queren. Sonst hätte sich dieser Haupthandelsweg des Mittelalters einen anderen Überweg suchen müssen. Demnach hat diese seichte Stelle den Aufstieg Wipperfürths zum Wirtschaftszentrum erst ermöglicht. Nur folgerichtig verlegten die Grafen von Berg ihre Münze nach Wipperfürth, 1275 auch mit dem Segen des Königs.

Hückeswagen verdankt dem Fluss zuallererst sein Erscheinungsbild. Die Wupper modellierte hier einen Bergsporn heraus, der sich wiederum für den Burgenbau anbot. Dass Hückeswagen seit 2012 den Titel Schloss-Stadt führen kann, verdankt sie der Vorarbeit des Wasserlaufs. Natürlich nutzten auch die hiesigen Tuchmacher – wie die Fabrikanten unterhalb ihres Standorts – das Wupperwasser. Noch heute gereichen die „Tuch-machervillen" an der Bachstraße dem Hückeswagener Stadtbild zur Ehre.

Das Thema Wirkwaren lässt sich flussabwärts fortsetzen, will heißen unter-halb der Wupper-Talsperre. Obwohl eine „Stadt auf der Höhe", hat Radevorm-wald mit Vogelsmühle, Dahlhausen und Dahlerau seine Wupperortschaften. Auch sie waren geprägt von der Affinität des Flusses zum Tuchgewerbe und später der Textilindustrie. Besondere Erwähnung verdient der Stadtteil Dahlerau mit dem historischen Fabrikkomplex des Unternehmens Wülfing & Sohn. Er ist ein ragendes Monument der Industriegeschichte. Das älteste Gebäude (von 1839) beherbergt heute ein Museum. Und auch hier kann das große Thema bergischer Fluss- und Industriegeschichte verfolgt werden, der Zusammenhang von Stoffproduktion und Energieversorgung.

Mit Leichlingen nimmt das Bergische RheinLand zum Fluss wieder Fühlung auf. Der Name Leichlingen deutet auf ein früheres Fischerdorf hin – und vielleicht auf eine hoffnungsvolle Zukunft voraus. Soweit es die Wasserqualität angeht, könnte sich hier sogar der Lachs wieder tummeln.

Jedenfalls hat sich die Wupper der Umwelt-Tristesse früherer Zeiten sichtbar entledigt. Die Talsohle, die Hänge, aber auch die Siefen geben manches Motiv her, das sich als wildromantisch in Szene setzen lässt. Mehr noch: Es gibt hier durchaus Flusspassagen, die den kühnen Ver-gleich „Amazonas des Bergischen Lands" rechtfertigen.

DIE SÜLZ

Der bekannteste Aggerzufluss präsentiert sich als Querschnittsthema. Bis die Sülz ihren Namen ohne Zusatz führt, hat besonders ihr (orografisch) rechter Quellast schon einiges hinter sich. Diese Kürtener Sülz heißt im obersten Teil nur Ahe, hat also einen Wasser-Allerweltsnamen. Außerdem trägt sie qua Überleitstollen zur Speisung der Großen Dhünn-Talsperre bei. Die Lindlarer Sülz links von ihr wird als der eigentliche Flussoberlauf angesehen, nach beider Vereinigung kann die ortsnamentliche Ergänzung entfallen. Diese Sülz „bewahrt" in der fließenden Welle, vor allem aber in ihren Sedimenten das Erbe des Bergbaus am Lüderich. Zink, Kupfer, Titan, Kobalt, Kadmium und Silber sickern aus längst aufgegebenen Stollen. Nur noch eine historische Reminiszenz ist die „Sülztalbahn". Oder doch nicht ganz, denn streckenweise erfuhr der 1912 eingeweihte und 1965/66 stillgelegte Schienenweg als Radweg eine Wiederbelebung. In die allerjüngste Vergangenheit fällt der Abriss eines Sülz-Wehrs bei Untereschbach. Hier gelang, wenn auch nach einiger Planungszeit, was andernorts immer noch zu heftigem Streit führt. Den Befürwortern des Rückbaus kam entgegen, dass der Wasserstau „funktionslos" geworden war: Die zugehörige Fabrik hatte endgültig zugesperrt. Damit ist dem Lachs jedenfalls an dieser Stelle der Weg geebnet, um wieder flussaufwärts zu steigen.

Nach Eröffnung der Strecke Köln–Overath 1890 finden sich die Touristen an Sülz und Agger ein. Unten das Ausflugslokal an der (Sülzer) Volberger Mühle.

Geschichtsträchtiger Wasserlauf
Die Dhünn

Heute gibt es den Dhünnweg, der eine Wanderung flussaufwärts von der Mündung bis zur Talsperre erlaubt. Den Status als Rheinnebenfluss hat die Dhünn immer wieder einmal verloren. Ein wichtiger Wirtschaftsraum war ihr Tal dennoch. Das lag nicht zuletzt an der Zisterzienserabtei Altenberg.

Empfindsame Gemüter könnten die Dhünn als unvollendeten Fluss betrauern. Sie hat nicht einmal Gelegenheit, zu sich selbst zu kommen. Denn vor der Talsperre gibt es nur die Große und die Kleine, also lediglich ihre beiden Quellarme (siehe auch das Kapitel „Die mit dem Thermorüssel", Seite 116 ff.).

Doch zunächst einmal gibt der Stau Gelegenheit zum Rückblick, von vielen „versunkenen Dörfern" ist die Rede. Jahrhundertelang hatten sie arglos am Ufer der Großen und Kleinen, schließlich an der Dhünn selbst gelegen. Und weil ihr Becken eine Trinkwassertalsperre ist, mussten sogar Gemeinwesen weichen, die nicht im Wasser selbst, sondern nur in der Wasserschutzzone liegen sollten.

Aus der Talsperre aber fließt die Dhünn. Im Übrigen werden sie und ihre Zuflüsse großzügig mit Schutzgebieten bedacht. Wenn hier eine Art schlechtes Gewissen hineinspielen sollte, kann das der Mit- und Nachwelt nur recht sein.

Doch Nostalgie ist die Sache des Historikers nicht: Genau genommen haben schon die Altenberger Zisterzienser ins natürliche Abflussregime eingegriffen. Als die Brüder ihr Kloster um 1145 von der Burg Berge ins Dhünntal verlegten, zwangen sie dem Dhünn-Zufluss Pfengstbach einen großen Bogen entlang des Hangs auf. Erst dann war der Weg frei für die Anlage von Kirche und Kloster.

Dass diese Klosterstiftung eine der regierenden Grafen (und lange ihre Grablege) war, sollte ihr und ihrer Wirtschaftskraft zugutekommen. Die

„bergische Erbschaft" bildete das wirtschaftliche Fundament in Reichweite des Zentrums. Mit der Zeit entwickelte das Klosterareal seine eigene Ökonomie. Dazu wurden die Gewässer immer entschiedener in Dienst genommen. Oberhalb der Abtei wurde die Dhünn selbst aufgestaut und ein Mühlengraben abgezweigt. Da Wasser nicht nur Segen spendete, wurde schon um 1440 ein Damm gegen die Fluten angelegt.

Der Eifgenbach mündet in Sichtweite von Kloster Altenberg in die Dhünn. Sein Wasserdargebot begründete einen spektakulären Streit zwischen den Besitzern von Raus- und Markusmühle, der beide Parteien 1551 ans Reichskammergericht führte. Und wie selbstverständlich darf auch ein heute verschwundener Eisenhammer nicht fehlen. Übrigens war er Nachfolger einer vom Kloster Altenberg konzessionierten Pulvermühle.

Ab Höhe der Klosterkirche bewegt sich die Dhünn recht zügig in südliche Richtung. Wo der Scherbach (immer noch Gemeinde Odenthal) in sie mündet, tendiert sie eher nach Westen. Ein kurzes Zwischenspiel im Bergisch Gladbacher Stadtgebiet folgt, dann fließt sie bis zur Mündung in die Wupper durch Leverkusen. Hier verlässt die Dhünn das Bergische RheinLand und damit

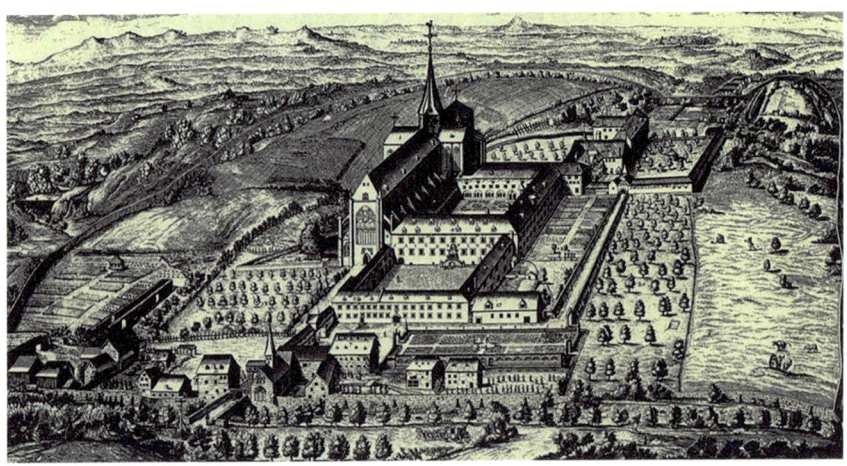

Die Dhünn als Wirtschaftsader im Vordergrund: Altenberg auf einem Kupferstich von 1707

den Berichtshorizont. Das beruhigt den Berichterstatter, dem es sonst nur unter Aufbietung all seiner Gewissenlosigkeit gelingen könnte, die komplexe Flussgeschichte derart kurz abzuhandeln. So kann er sich mit der Wendung „technischer Ausbau" durchhelfen. Früh war der Deichbau Thema, die geballte Industrialisierung am Dhünn-Unterlauf folgte. Einen „Höhepunkt" stellte die Verlagerung von Dhünn und Wupper wegen eines Deponiebaus dar. Ausgerechnet auf seiner Fläche aber erfährt sie mit dem Leverkusener Neuland-Park Genugtuung. Und seit 1998 der erste Lachs im Fluss auftauchte, gibt es Hoffnung auf ein insgesamt naturnäheres Erscheinungsbild der Dhünn.

Nachtrag: Viel Aufsehen erregte seinerzeit die These, dass die Dhünn insofern ein unvollendeter Fluss sei, als ihr der unmittelbare Rheinzugang genommen wurde. Dagegen hätten die Nibelungen noch auf Höhe der ursprünglichen „Duna"-Mündung über den Strom gesetzt. Beim Studium des historischen Kartenmaterials stellt sich nun heraus, dass die Dhünn mal in den Rhein und mal in die Wupper floss. Ob dabei in dem einen oder anderen Fall der Mensch seine Hand im Spiel hatte, muss dahingestellt bleiben.

Vielfacher Dienst auf engstem Raum
Die Strunde

Als Wasserlauf ist die Strunde eine überschaubare Größe. Trotzdem hat sie stets großes Interesse geweckt. Das liegt zum einen an der Besonderheit des Flüsschens selbst, zum anderen und vor allem an seiner Beanspruchung.

Ins Halbrund der Quellfassung ist ein Spruch eingemeißelt, der in seiner Feierlichkeit wie aus dem Lateinischen übersetzt klingt: „Sprudelt Segen bringende Quellen,/ die ihr speiset die fleißige Strunde."

Vorsichtshalber ist hier von Quellen, also vom Plural die Rede. Denn: Die Strunde entspringt als Karstquelle. Dieser Typ Anfang hat von Natur aus eine gewisse Unberechenbarkeit. Auch hier musste er vonseiten der Menschen festgelegt werden. Seine Fassung stiftete 1965 die Firma Zanders. So konnte der Papierhersteller zeigen, was er der Strunde verdankte.

Die Wasser der Strunde sammeln sich im Untergrund der Paffrather Kalkmulde, genauer gesagt in deren Bücheler Schichten, die rund 378 Millionen Jahre alt sind. Das Kalkgestein hat zur besonderen Attraktivität des oberen Laufs beigetragen. An einer Hangpartie hat die Grüne Nieswurz ein beachtliches Vorkommen. Sie ist eine enge Verwandte der Christrose und ein hierzulande seltener Frühblüher. Damit nicht genug, lassen sich auch einige Orchideenarten im Strunde-Umfeld finden.

Genug der Schwärmerei, denn bekanntlich ging es an diesem Wässerchen oft hart her. Es waren nicht nur – Stichwort fleißig – die Mühlen und Hämmer, die sich an ihrem Lauf auf den Füßen standen. Leicht aus dem Blick gerät, dass die Strunde auch der Wiesenwirtschaft zu Diensten sein musste. Dass ihr kalkhaltiges Wasser mehr Nährstoffe mit sich führte, konnte den Nutzern nur recht sein.

Die Strunde war ein bergischer Wasserlauf sozusagen von vorne bis hinten. Ihre künstlich geschaffene Mündung in den Rhein – nicht frei von Sagenumwobenheit – lag auf Mülheimer Gebiet. Es trifft sich gut, dass ihr Ende als natürlicher Bach etwa auf der heutigen Grenze von Bergisch Gladbach und Köln liegt. Hier wäre sie, wie so viele andere Bäche, in den Terrassenschottern des Rheins versickert. Nun nimmt die Strunde als gegrabener Kanal ihren weiteren Weg Richtung Strom. Ein Indiz für die künstlich geschaffene Fortsetzung ist, dass die Mühlenräder ab jetzt nur unterschlächtig vom Bach selbst angetrieben werden.

Doch darf, wer von der Strunde redet, von Köln nicht schweigen. Wohlgemerkt, vom historischen Köln in den Grenzen seiner mittelalterlichen Stadtmauer. Die Nähe zu diesem Gemeinwesen rückte die Strunde in den Fokus der dortigen Gewerbe. Davon profitierte auch die Gladbacher Messerbruderschaft. Schleif- und Polier(Pleiß)mühlen an der Strunde erledigten Aufträge der Kölner Harnischmacher. Zwar schritt der Stadtrat immer wieder einmal gegen diese aushäusige Wertschöpfung ein, musste aber schließlich resignieren.

Die Pleißmühlen können als Zwischenstufe begriffen werden. Damals zeichnete sich das imposante Spektrum dieser Wasserkraftanlagen erst ab, die zunächst als Fruchtmühlen in Dienst gegangen waren. Später sollten viele zu Papiermühlen umgerüstet werden.

Für eine weitere Einsatzmöglichkeit stehen die vier Pulvermühlen von Gut Schiff. Auf den Einspruch von Anrainern „wegen der Gefahr eines unverhofften Unglücks" reagierte der Kölner Fabrikant Wilhelm Joseph Wecus 1752, indem er sein explosionsgefährdetes Bauwerk an den Talhang verlegte. Er nahm in Kauf, dass er dafür einen sogenannten Umbach anlegen musste. Immerhin ermöglichte dessen Länge den Bau einer zweiten Pulvermühle an der Ableitung.

Auch von dieser Nutzung zeugen heute noch Spuren im Gelände. Keinesfalls aber darf unter den Tisch fallen, dass derweil die Strunde selbst im Innenstadtbereich von Bergisch Gladbach Genugtuung erfahren hat. Eine Freitreppe führt heute an ihre Wasser heran. Die größere Herausforderung liegt allerdings darin, das ehemalige Zanders-Werksgelände umzunutzen. Auch hier gilt: Auf zu neuen Ufern!

Zanders-Nostalgie

Flachware

Papierherstellung im Bergischen RheinLand

Lange hatte die Papierherstellung im Bergischen Konjunktur und auch dabei assistierte die Wasserkraft. Natürlich muss von Bergisch Gladbach und Zanders die Rede sein, aber nicht nur.

Bereits 1582 drehte sich an der Strunde ein Mühlrad im Dienst der Papierherstellung. Es waren wohl Kaufleute aus der nahen Reichsstadt Köln, denen an diesem Werkstoff gelegen war. Noch ein paar Jahrzehnte früher gab es schon eine Papiermühle an der Bröl. Sie stand auf dem Territorium der kleinen, aber souveränen Reichsherrschaft Homburg. Offenbar belieferte sie die Verwaltung oben in der Schlosskanzlei.

Die Entwicklung beider Standorte lässt sich durch die Jahrhunderte verfolgen. Von der Homburger Papiermühle ist bekannt, dass die Grafen des Hauses Sayn-Wittgenstein-Berleburg sie 1754 in Erbpacht gaben, also die unmittelbare Beziehung zur Territorialgewalt lösten. Ob die Mühle generell wirtschaftlich erfolgreich war, lässt sich bezweifeln: Bis 1806 gab es neun Betreiberwechsel.

Seit Anfang des 17. Jahrhunderts gewann das Gewerbe an der Strunde deutliche Konturen: Die 1602 gegründete Gohrsmühle lässt sich wegen der Standortkontinuität als Keimzelle von Zanders ansprechen, während die etwas weiter strundeaufwärts gelegene Schnabelsmühle (seit 1582) den zeitlichen Vorrang für die Papierherstellung selbst hat. Kurze Zeit später (um 1618) entstand die „Alte Dombach" als Papiermühle.

Das Homburger Werk kam 1806 mit der Familie Geldmacher in sicheres Fahrwasser, dem Stammvater Johann Rudolf sollte bald Sohn Wilhelm folgen. Außerdem bezeichnete das Jahr 1806 einen politischen Einschnitt: Für ein kurzes Zwischenspiel fiel die Reichsherrschaft an das Großherzogtum Berg, 1813 wurde sie de facto, 1821 de jure preußisch. Eine neue Wirtschaftsordnung verschaffte den Unternehmern größere Beweglichkeit.

An der Strunde gründete Johann Wilhelm Zanders 1829 seine Papier-
fabrik. Nur zwei Jahre später starb er, seine Witwe Julie führte den Betrieb
weiter. Ihre Vertrautheit mit dem Gewerbe ließ sich voraussetzen, ihr Vater
hatte die Alte Dombach betrieben. Tatsächlich legte Julie das Fundament
zum Aufstieg des Unternehmens. Ihr Sohn Carl Richard kaufte nach drei
Jahren Pacht 1865 die Gohrsmühle, den späteren Hauptsitz der Firma.

Mit Zanders entwickelte sich Bergisch Gladbach zu einem Zentrum der
Papierherstellung, nach Düren dem wichtigsten im Rheinland. Dahinter
blieb der oberbergische Standort zurück, aber auch das Unternehmen
Geldmacher/Degering kann auf eine lange Tradition verweisen. Unter dem
Horizont der Industrialisierung stand im Homburger Ländchen 1842 eine
der ersten Papiermaschinen, 1855 wurde dem Betrieb eine Holzschleiferei
angegliedert. Beide Neuerungen bezeichneten einen wesentlichen Fortschritt, den zu gehen eine gewisse Kapitalkraft voraussetzte. Andere oberbergische Unternehmen,
die sich in der Branche ver-
suchten, konnten nicht mithalten und verschwanden
rasch vom Markt.

Früh zeichnete sich im
Oberbergischen die Hin-
wendung zur Tapeten-
herstellung ab, sie endete
2007. Zanders wurde 2021
endgültig liquidiert, schon
1989 hatte sich die Fami-
lie aus dem Unternehmen
zurückgezogen. Mit der
Transformation des weit-
läufigen Komplexes steht
eine Herkulesaufgabe an.

Für Zanders: Plakatkunst von
Alexe Altenkirch

Es bleiben die Bergisch Gladbacher Alte und Neue Dombach als Standort des LVR-Industriemuseums, die Villa Zanders erinnert noch heute an das kulturelle Engagement der Familie. Die Homburger Papiermühle besteht immerhin als Bauwerk fort, die derzeitige „event location" profitiert von der Aura des Ortes. Selbst für ein Gebäude der Papierverarbeitung eröffnet sich eine neue Perspektive. Die ehemalige Geschäftsbücherfabrik Jäger in Ründeroth hat Aussicht auf eine Vielfalt neuer Nutzungen.

Verkehrsgeschichte
Altstraßen durch die Region

Es waren wirkliche Haupt-Straßen, die jahrhundertelang das Bergische RheinLand querten. Partienweise sind sie in modernen Straßen aufgegangen oder liegen gut verborgen in den Wäldern. Und sie haben manche Ortsgeschichte initiiert.

Heiden-, Brüder-, Zeith- und Bergische Eisenstraße. Allein die letztgenannte hat einen leicht erklärbaren Namen – und der überschaubarste Verkehrsweg ist sie auch. Wohl seit dem 14. Jahrhundert kam über sie hochwertiges Roheisen aus dem Siegerland, das die Remscheider und Solinger Schmieden zu ihren hochwertigen Werkzeugen und Klingen verarbeiteten. „Yser-Stras" heißt sie 1715 im Kartenwerk des Herzogtums Berg, das Erich Philipp Ploennies erarbeitete.
Eine Überlandstraße war sie, eine Fernstraße eher nicht. Anders die Heidenstraße. Ihre etwa 500 Kilometer führten von Leipzig über Kassel nach Köln. Ihr Alter wird auf gut tausend Jahre geschätzt. Manche Gelehrte datierten ihren Beginn sogar in die Frühgeschichte, manche sehen in ihr das Teilstück einer Verkehrsachse, die im Osten bis nach

Polen und im Westen bis an die Atlantikküste reichte. Ihr Verlauf konnte, auch in der Region, abschnittsweise variieren.

Selbst wer später zum heiligen Jakobus nach Santiago de Compostela unterwegs war, nutzte die Heidenstraße. Daran erinnern neuerdings die Pilgersteine etwa in Marienheide und Lindlar. Nur warum trägt der alte Verkehrsweg den Namen Heidenstraße? Möglicherweise bezeichnete der Name eine Route der Christianisierung entlegener und deshalb lange glaubensferner Gegenden. Ebenso könnte auch der wegbeherrschende Landschaftstyp gemeint sein. Kurz: Eine überzeugende Deutung hat sich bisher nicht gefunden.

Die Brüderstraße von Siegen nach Köln (Deutz) war ein Abschnitt der weiter ausgreifenden Brabanter Straße, die von Flandern nach Leipzig führte. Mutmaßlich geht sie auf Saumpfade des frühen Mittel-

Overath, Hotel Steinhof: Das Automobilzeitalter feiert erste Triumphe

alters zurück. In den Hintergrund trat sie erst, als von 1823 bis 1834 die Köln-Olpener Landstraße angelegt wurde. Die Herkunft des Namens Brüderstraße bleibt ebenfalls im Dunkeln.

Im näheren Umfeld führt die Zeithstraße von Bonn über Siegburg bis nach Hagen und Dortmund, sie ist also im Unterschied zur Brüder- und Heidenstraße eine Nord-Süd-Verbindung. Bei ihr lassen sich im Bergischen zahlreiche parallele Wegführungen nachweisen.

Die Namensforscher können mit der Zeithstraße (endlich) zufrieden sein, der Name geht auf das althochdeutsche Wort „sceitila" (Scheitel, Anhöhe) zurück. Zugleich ist das Wort ein Bild für das Hauptkennzeichen alter Straßen: Sie favorisierten entschieden die Höhenrücken. Der gewachsene Fels bot den Rädern besseren Halt, Niederschläge konnten rascher ablaufen, der Wind die regennasse Bahn schneller trocknen. Die Täler mit ihren Wasserläufen waren meist stark versumpft und über viele Monate, wenn überhaupt, nur schwer passierbar.

Aber natürlich mussten die Täler gequert werden. Das bedeutete im Bergischen steile Rampen zu den Höhen, deren Karrengleise noch heute vom Mahlen der Räder zeugen. Die Einschnitte verliefen senkrecht zum Hang und so taten die Regengüsse ein Übriges, um die Fahrzeugspuren bis zu Hohlwegen einzutiefen. Wenn der eine oder andere unpassierbar wurde, entstanden neue dicht daneben. Ein ganzes zwölfarmiges Bündel an Hohlwegen führte beispielsweise von Forst auf den Immerkopf, auf dem die Zeithstraße dann wieder die Höhe gewonnen hatte.

Die Frage liegt nahe, wie die großen Verkehrswege, wie vor allem ihre Kreuzungen die Siedlungen längs der Trasse geprägt haben. Marienheide lag an der Schnittstelle von Heiden- und Eisenstraße, Drabenderhöhe von Brüder- und Zeithstraße. Im Fall von Drabenderhöhe vermerkt die Homepage des Heimatvereins noch für die späten Jahre eine auffällige Verdichtung von „Gastwirtschaften, die weit über den Bedarf der hiesigen Bevölkerung hinausgingen".

HOHLWEGE

Es leuchtet ein, dass Überlandstraßen über die Höhen geführt werden mussten. Doch blieb die Querung von Tälern unumgänglich, das heikle Relief des Bergischen hinderte ein zügiges Fortkommen. Aber wenn sich die Niederungen schon nicht umgehen ließen, sollten sie doch auf kürzestem Weg zurückgelassen werden. Durch den weichen Untergrund der Talflanken mahlten sich die Karrenräder, bis sie auf harte Grauwacke trafen. Mit der Zeit konnten an den Seiten der Gleise hohe Böschungen entstehen, heute interessante Lebensräume für Insekten. Nur garantierten solche Hohlwege keine raschen Passagen. Oft verschlammten Regenstürze die ausgefahrenen Karrengleise, neue entstanden dicht daneben. Manchmal bildete das Räderwerk bergischer Fuhrleute eindrucksvolle Ensembles. Wo sie heute unter Wald liegen, blieben sie, wenn auch leicht eingeebnet, öfter erhalten. Als sprechende Zeugnisse der Verkehrsgeschichte finden sich solche Hohlwegbündel beispielsweise am Immerkopf oder am Pohler Berg bei Kürten.

Zwischen Abbau und Aufbau

Die Wiehltalbahn

Eingestellte Bahnverbindungen gehören zur Vorgeschichte auch des Bergischen RheinLands. Die Wiehltalbahn wäre ein anschauliches Beispiel für das Streckensterben, hätten ihre Befürworter nicht so viel Kampfgeist gezeigt.

Der ortsfremde Betrachter staunt. Dass bei diesem Waldbröler Bauwerk namens Boxbergkreisel so viel Aufwand betrieben wurde, will ihm zunächst nicht recht einleuchten. Aber dann fällt sein Blick auf den Tunnel darunter und den Schienenstrang …

Am 8. September 2017 fauchte hier der „Bergische Löwe" zur Feier des Tages. Ohne seine bejahrte Lok hätte es von der Einweihung des Kreisels nur halb so schöne Bilder gegeben. Als sie aus dem Tunnel fuhr, wölkte ihr Dampf besonders eindrucksvoll zu den Schaulustigen hinauf.

Mit der historischen Lok sind wir bei der historischen Bahn. Seit 1897 verkehrte sie von (Engelskirchen-)Osberghausen aus durch das Wiehltal zunächst bis Wiehl, 1906 dann bis Waldbröl. Nördlich mündete sie in die Aggertalbahn, einen Schienenweg, der seit 1884 in Siegburg von der Hauptlinie Köln (Deutz)–Siegen abzweigte und sukzessive verlängert wurde.

Waldbröl entwickelte sich zum Knotenpunkt. Von hier aus bestand Anschluss an die schmalspurige Bröltalbahn nach Hennef (also wiederum ins Siegtal). Eine dritte, die von Waldbröl aus kürzeste Verbindung zur Siegstrecke, stellte die Wissertalbahn her. Sie verkehrte zunächst nur zwischen Wissen und Morsbach, erreichte ab 1908 aber in (Hermesdorf-)Waldbröl die Wiehltalbahn.

Es lässt sich nicht behaupten, dass die Erschließung des Oberbergischen mit seiner doch beachtlichen Industrie zügig vorangegangen wäre. Die zunächst privaten Bahnbetreiber schreckten vor den hohen Kosten zurück, die ihnen das hiesige Relief aufgezwungen hätte. Erst die Verstaatlichung brachte den Ausbau voran.

Im Fall der Wiehltalbahn gab den Ausschlag, dass sich die Grauwacke-Industrie zu einem bedeutenden Wirtschaftsfaktor entwickelt hatte. Mussten die Steine zunächst mit Fuhrwerken an die Verladestellen gekarrt werden,

Alte Wiehltalbahn

ermöglichte nun die Eisenbahn eine effektive Beförderung. In der Folge wurde im Wiehltal ein Steinbruch nach dem anderen eröffnet, zu einzelnen Brüchen führten sogar Stichstrecken.

Mit dem Niedergang der Steinindustrie geriet auch die Wiehltalban zunehmend in Schwierigkeiten. Die Strecke Morsbach–Wissen war nach 1945 nicht mehr aktiviert worden, die Schmalspurbahn durchs Bröltal stellte 1953 den Betrieb ein. Die Wiehltalbahn beförderte ab 1960 keine Personen mehr, der Güterverkehr wurde immerhin bis 1995 aufrechterhalten. Weiter intakt blieb auch die Strecke Morsbach–Hermesdorf. Ihr Kömpeler Tunnel hatte (und hat) mit seinen 786 Metern eine für Nebenstrecken spektakuläre Länge.

Die Jahre nach 1995 sind jüngste Geschichte – und Anschauungsunterricht im Fach Zeitgeist und Sinneswandel. Schon 1994 hatte sich der „Förderkreis zur Rettung der Wiehltalbahn" gegründet und 1999 für die Inbetriebnahme eines Teilstücks gesorgt. Die relativ gute Erhaltung der Strecke führte 2003 dazu, dass die Wiehltalbahn samt einigen Bahnhöfen unter Denkmalschutz gestellt wurde.

Das allerdings war der Landes- sowie der Kommunalpolitik ein Dorn im Auge. Im Verkauf der Strecke an die betroffenen Gemeinden schien das probate Mittel gefunden, sich dieses „Treppenwitzes" zu entledigen; den Schienenweg nach Morsbach qualifizierte der dortige Bürgermeister sogar als „Irrsinn". Es gab etliche Unternehmungen in Richtung vollendeter Tatsachen, doch die Beseitigung des leidigen Eisenbahn-Hindernisses scheiterte an den Machtworten der Gerichte.

Heute lässt sich bei aller angebrachten Vorsicht sagen, dass die Notwendigkeit einer „Mobiltätswende" kaum mehr bestritten wird. So steht eine (neue) Machbarkeitsstudie im Raum, um der Museumsbahn Bergischer Löwe wieder ein reguläres Pendant an die Seite zu stellen und die gesamte Strecke zu reaktivieren. Diese (mögliche) Wende auf regionaler Ebene verdankt sich nicht zuletzt dem Einsatz, den der „Förderkreis zur Rettung der Wiehltalbahn" über Jahre geleistet hat.

TALSPERREN

Trotz allgemeiner Furcht vor der Dürre: Mancher Zeitgenosse hält das Doppelwort Regenreichtum immer noch für einen Widerspruch in sich. Wenigstens haben die vielen Stauseen der Region zum Vergleich mit der Fjordküste Norwegens animiert. Und wie nun immer, als Talsperren-Landschaft hat das Bergische ein Alleinstellungsmerkmal.

Talsperren sind Dienstleister in vielerlei Hinsicht. Sie beugen dem Hochwasser vor, verstetigen die Wasserführung der Flüsse, sind Brauchwasserlieferanten für die Industrie und halten für alle einen Energieträger vor. Außerdem versorgen sie, auch über die Region hinaus, Menschen mit Trinkwasser.

Wasser als Energieträger wurde an der Agger zunächst von der ehemaligen Baumwollspinnerei Ermen & Engels in Anspruch genommen, später versorgte ihr Kraftwerk den ganzen Ort Engelskirchen mit Strom. Der benachbarte Oelchenshammer, über 200 Jahre alt und bis heute intakt, besitzt noch seinen Stauteich, der geradezu verwunschen wirkt. Aus Perspektive der Brauchwassernutzung können solche Anlagen als Vorstufen der Talsperre angesehen werden.

Noch enger beieinander liegen die Agger- und die Genkeltalsperre, letztere ein spätes Geschwisterkind, das der Trinkwassergewinnung dient. Bei diesen Becken hat der Wasserschutz unbedingten Vorrang, dem der Naturschutz zwanglos folgt. Anderswo bietet sich die touristische Nebennutzung an. Pläne für ein gehobenes Strandleben zieht beispielsweise die Bevertalsperre auf sich.

Aggertalsperre im Bau, 1927/28

Ein Flussbegleiter
Die Wupper-Talsperre

Die Wupper-Talsperre ist die jüngste unter ihresgleichen. Das geringere Alter und ihr zurückhaltendes Erscheinungsbild lassen einen Zusammenhang vermuten. Allerdings hat auch sie viele Standorte der alten Industrien unter Wasser gesetzt.

Gleich nachdem die Wupper das Schloss Hückeswagen über ihr hinter sich gelassen hat, zeigt sie auf dem Kartenbild eine merkwürdige „Verdickung". Das ist die flusseigene Vorsperre zur Talsperre, die nun dem Wasserlauf über eine ziemlich lange Strecke Einhalt gebieten wird. 1989 in Betrieb genommen, dient ihr jährlicher Zufluss von 138 Millionen Kubikmetern der Vorbeugung: Bei Bedarf soll sie das Nass sowohl aufnehmen (Hochwasser) als auch abgeben (Niedrigwasser). Wegen der nur zeitweiligen Inanspruchnahme zählt sie zu den Brauchwassertalsperren.

Und noch eine Eigentümlichkeit zeigt der Blick aufs Kartenbild: Der Wasserkörper hält den windungsreichen Fluss lange gegenwärtig, lässt ihn also nicht in einem großen Becken sozusagen ertrinken. Die recht späte Inbetriebnahme 1989 legt den Gedanken nahe, dass diese Zurückhaltung einem unterdessen höheren Umweltbewusstsein geschuldet ist. Allerdings datieren die grundlegenden Planungen schon in die 1950er-Jahre. Festzuhalten bleibt dennoch die diskretere Optik.

Die Talsperre greift mit den Vorsperren in die angrenzenden Täler von Wiebach, Dörpe, Feld- und Lenneper Bach aus. Ohne Vorsperre bleibt der Kretzer Bach, aber die Talsperre nimmt ihn doch vor seiner eigentlichen Mündung auf. Auch die Vorsperren lassen sich auf Wander- oder Radwegen erkunden, die mehr oder weniger ufernah verlaufen. Und weil eine Brauchwassertalsperre weniger strenge Schutzvorschriften braucht, sind mehr Freizeit- und Wassersportaktivitäten an, auf oder in der Talsperre selbst möglich.

Doch für alle Sperren gilt, dass der gestiegene Wasserspiegel unter den Standorten der alten Industrien gründlich aufgeräumt hat. Gerade im Bereich Hückeswagen ließe sich eine virtuelle Wanderung auf den Spuren der „verlorenen" Mühlen, Hammerwerke und Tuchfabriken unternehmen, die den ursprünglichen Lauf der Wupper und ihrer Zuflüsse nachzeichnet. Nebenbei gab der Talsperrenbau auch Gelegenheit, die Eisenbahnstrecke Wuppertal–Brügge 1980 einzustellen.

Neben alten Industriegebäuden gingen auch ganze Ortschaften oder doch Teile von ihnen in den Fluten unter. Mit Dörpe drohte das Jung-Stilling-Haus zu versinken, wo der Schriftsteller, Augenarzt und Ökonomieprofessor Johann Heinrich Jung (1740–1817) sieben Jahre gelebt hatte und das – nach Auskunft seiner eigenen „Lebensgeschichte" – „ohne eine einzige trübe Stunde". Dieses Fachwerkhaus konnte immerhin gerettet werden. Auf Gut Hungenbuch im bergischen Kürten fand es eine neue Heimat.

Arbeitgeber und Gönner Jung-Stillings war der bedeutende Fabrikant und Fernhandelskaufmann Peter Johannes Flender, dessen Wohnort meist mit Kräwinklerbrücke angegeben wird. Was von dem Ort übrig blieb, gehört heute zu Remscheid. Und noch ein Fachwerkgebäude aus Kräwinklerbrücke fand eine neue Bleibe: das Wohn- und Kontorhaus der Tuchfabrikanten-Familie Lausberg. Es steht heute in Hückeswagen-Dürhagen. Als KRÄWI-Freizeitpark lebt der Ortsname leicht verstümmelt fort.

Fester bleibt er mit der wohl ältesten Steinbrücke über die Wupper verbunden. Jung-Stilling hat diese um 1690 erbaute Brücke vermessen – und tatsächlich bekundeten die Talsperrenplaner Respekt vor dem Bauwerk. Das Viadukt mit seinen drei Bögen blieb erhalten – allerdings geschluckt vom Wasser. Heute schwimmen die Taucher unter der Brücke hindurch.

Pioniertat in Krisenzeiten
Die Aggertalsperre

Eigentlich gab es keine dringende Notwendigkeit für den Bau einer Talsperre. Denn vor dem Ersten Weltkrieg konnte die Kohle aus dem Ruhrgebiet den Energiehunger der Aggertal-Industrie sehr preiswert stillen. Aber dann änderten sich die politischen Rahmenbedingungen ...

Der Erste Weltkrieg und seine Folgen erzwangen ein Umdenken, genauer gesagt ein Um-Handeln. Die Siegermächte hatten verfügt, dass die Revierkohle zu den Reparationsleistungen gehörte. Der wohlfeile Energieträger fiel aus. Nun erhielt die Idee vom Talsperrenbau neue Schubkraft.

Zweifellos sprachen die natürlichen Voraussetzungen für die Wasserkraft. Mit einem Jahresdurchschnitt von 1.600 Millimetern verzeichnete diese Partie des Bergischen reichlich Niederschlag. So war schon in Vorkriegszeiten daran gedacht worden, das Nass effizient zu bewirtschaften. Doch stand sein rascher Abfluss einer kontinuierlichen Nutzung entgegen. Außerdem führte er häufig zu Überschwemmungen, die wegen der immer dichteren Bebauung des stürmisch industrialisierten Aggertals immer mehr Schäden anrichteten.

Den Ausschlag gab schließlich die Notwendigkeit, das Wasser besser verfügbar zu machen. Überspitzt gesagt, galt es, die Nacht zum Tag zu machen und den Winter zum Sommer. Wenn in der Nacht das Wasser nicht gebraucht wurde, sollte es für die Tagesarbeit auf Halde liegen, und wenn in den Wintermonaten die Produktion gedrosselt werden musste, sollte das Wasser für die produktionsintensiven Monate bereitstehen. Der Hochwasserschutz fiel mit ab. Aber letztlich hätte es ohne ihn wohl keine Talsperre gegeben.

Zunächst war die unternehmerische Initiative gefragt. Die stand in Zeiten des wirtschaftlichen Niedergangs vor einer großen Bewährungsprobe, die Hyperinflation von 1923 hatte die Krise noch einmal verschärft. Gleichwohl gingen die Industriellen der Aggertal-Genossenschaft das Wagnis eines finanziellen Engagements ein. Besonders hat sich der Bergneustädter Textilfabrikant Bernhard Krawinkel (1851–1936) um den Talsperrenbau verdient gemacht.

Zunächst war an eine Folge kleinerer Sperren und Speicher gedacht worden, aber im Oktober 1926 fiel die Entscheidung für die große Stauanlage. Allerdings hätte das Vorhaben nicht ohne staatliche Unterstützung ins Werk gesetzt werden können. Und so wurde der Hochwasserschutz zum entscheidenden Faktor: Nur wenn es (auch) ums Gemeinwohl ging, konnte der Staat qua Erwerbslosenfürsorge beispringen.

Zeitweilig waren gut 1.100 Arbeiter auf der Baustelle beschäftigt. Sie vor Ort unterzubringen und zu verköstigen, bedeutete eine logistische Herausforderung. Bei der Talsperre selbst hatte man sich für die Gießbetonbauweise entschieden, im Vergleich zu einer Mauer aus Bruchsteinen ermöglichte sie eine zügigere Fertigstellung. Gerade sie aber kostete mehreren Arbeitern das Leben, als sich 1928 ein Gießarm aus seiner Verankerung löste. Im gleichen Jahr ging auch das beauftragte Unternehmen in Konkurs, dennoch konnte 1929 die Einweihung gefeiert werden.

Staumauer der Aggertalsperre

Allerdings wartete auf die Genossenschaftler ein Nachschlag – wegen erheblich gestiegener Baukosten. Statt der veranschlagten 6,3 mussten am Ende 10,7 Millionen Reichsmark aufgewendet werden. Das lässt sich bei aller Brisanz damals als Zuwachs sehen, der bei heutigen Großbaustellen mit öffentlicher Beteiligung unter die Rubrik „blaues Auge" fällt.

Die mit dem Thermorüssel
Große Dhünn-Talsperre

Sie verdient nicht nur als knapp zweitjüngste Talsperre im Bergischen RheinLand besondere Aufmerksamkeit, sondern auch wegen des knapp verfehlten Superlativs: Die Große Dhünn-Talsperre ist das zweitgrößte Trinkwasserreservoir der Bundesrepublik.

Der Volksmund sagt „Thermorüssel". Dem amtlichen Sprachgebrauch liegt Anschaulichkeit fern: „Schwenkbare Entnahmeleitung zur naturnahen Temperaturregelung der Dhünn unterhalb der Talsperre." Was auf der einen Seite als Bild (Rüssel) für sich einnimmt, lässt auf der anderen stutzen: Was ist eine „naturnahe Temperaturregelung"? Und warum muss der Wärmegrad eines Flusswassers naturnah geregelt werden? Doch eins nach dem anderen.
Der Großen geht die Kleine Dhünn-Talsperre voraus. Ihr Name führt leicht in die Irre, weil es auch eine Große und eine Kleine Dhünn gibt. Aber schon das kleinere Staubecken speiste sich aus der Großen Dhünn. Erst für das große Becken musste auch die Kleine Dhünn ihr Wasser hergeben. Das heißt: Die Mündung von Großer und Kleiner Dhünn geht in den Wassermassen des aktuellen Reservoirs unter.
Der Bau des kleineren Vorläufers 1960–62 reagierte auf die zu geringen Mengen etlicher, noch kleinerer Staubecken (zu ihnen gehörte mit der Esch-

bach- auch die erste Trinkwassertalsperre Deutschlands). Doch schon beim Bau der Kleinen Dhünn-Talsperre zeichnete sich ab, dass ihr Volumen nicht zur Trinkwasserversorgung der Region reichen würde. Zwei trockene Jahre erhöhten den Handlungsbedarf, sodass am 22. April 1975 die Arbeiten zur Großen Dhünn-Talsperre begannen und zehn Jahre später endeten. Neben der Großen und Kleinen Dhünn dienten etliche Bäche als Zuträger. Über einen Stollen lieferte außerdem die Kürtener Sülz einen Wasserbeitrag.

Wohl dank der späten Bauzeit mischt sich hier eine interessante Größe ins Gespräch. Auch das schiere Ausmaß der Talsperre mag ein Grund dafür gewesen sein, dass die Belange der Umwelt stärker ins Gewicht fielen. Besonders im Bereich der Vorsperre Kleine Dhünn entstanden neue Lebensraumangebote für Wasservögel, überhaupt ist die „freie Entwicklung der Vorstaubecken, d. h. Gewährung einer Verlandungssukzession" ein ausdrückliches Schutzziel. Ein weiträumig abgestecktes Naturschutzgebiet rahmt die Sperre und ihre Wasserschutzzonen.

Bleibt die Frage nach den originären Bewohnern des nassen Elements, den Fischen. Hier kommt der Thermorüssel ins Spiel. Das Volumen eines Staubeckens schichtet sich wie in einem See, unten erreicht es mit 8 Grad die tiefste Temperatur. Dieser Bereich liefert das sauberste Nass und folgerichtig das Rohwasser für die Wasserwerke.

Es war dieses Wasser, das unterhalb der Staumauer in den Fluss entlassen wurde, der hier nach kurzem Aufenthalt im Tosbecken wieder zu sich selbst kommen sollte. Nur behagte seine Kälte einigen Fischarten nicht. Für sie war das ganze Jahr gefühlter Winter. Sie stellten deshalb das Laichgeschäft ein und verschwanden aus einem angestammten Lebensraum.

Hier schafft der Thermorüssel seit Anfang 2015 Abhilfe. Die Vorrichtung kann auf fischfreundlichere Schichten des Beckens zugreifen und so unterhalb der Mauer Verhältnisse schaffen, die den Flossenträgern dieses Flussabschnitts mehr zusagen. Der Rüssel war übrigens ein europäisches Pionierprojekt. Beim Einbau wurde die Gelegenheit genutzt, auch eine Wasserkraftanlage zu installieren.

Aber es ist doch der Thermorüssel, mit dem das Vorhaben „:aqualon – Modellregion Wasser" seine Leitfigur gefunden hat. Die Dhünn – auch das fließende, nicht nur das stehende Gewässer – hat der Wupperverband für dieses Muster ausersehen. Hier soll nach Lösungen gesucht werden, wie unter dem Horizont der Klimakrise wasserwirtschaftliche Notwendigkeiten und ökologische Erfordernisse in Einklang zu bringen sind. Eine Ausstellung zur Modellregion findet sich an der Staumauer, also an der Nahtstelle von Fluss und Talsperre.

Der „Beverblock"

Talsperren-Triple und Mühlenteich

Zu diesem „Block" gehören außer der Namensgeberin die Neye- und die Schevelinger-Talsperre ebenso wie der Mühlenteich in Wipperfürth-Wasserfuhr. Zum Block werden sie nicht durch äußere Kennzeichen, sondern durch ihre unterirdische Verbindung.

Dieses Ensemble gibt Gelegenheit, vom bergischen Talsperren-Plural zu sprechen. Je nach Abgrenzung des Bergischen zum Sauerland kann die Zahl variieren, im Naturpark Bergisches Land sind es 16 Talsperren. Die Vielzahl könnte den Eindruck der Selbstverständlichkeit bekräftigen. Jedenfalls bleibt beim Porträt einzelner Sperren unausgesprochen, dass sie gerade in der Summe das Landschaftsbild prägen.

Immer wieder kam es auch zur Erweiterung schon vorhandener Reservoire. So bei der Bever-Talsperre: 1898 wurde sie (erstmals) eingeweiht, 1938 erweitert – zeitlich dazwischen liegt die Gründung des Wupperverbands 1930. Die benachbarte Neyetalsperre begann ihre Karriere als Trinkwasserreservoir für die Stadt Remscheid. Sie wurde in dieser Funktion 2004 von der Großen Dhünn-Talsperre abgelöst. Vergleichsweise spät kam die Schevelinger-Talsperre (Bauzeit 1938–1941) hinzu, die anfangs als „Vorklärbecken" für den Neyespeicher diente. Die älteste Sperre im Beverblock aber ist der Stauteich von Wipperfürth-Wasserfuhr: Er versorgte schon Ende des 18. Jahrhunderts eine der drei hansestädtischen Bannmühlen mit dem Betriebsmittel.

Der Wasserfuhrer Stauteich steht auch an einem anderen Beginn, nämlich am Beginn der Blockbildung. Er liegt im Block zuoberst und der erste Stollen überführt Wasser an das nächst tiefer gelegene Schevelinger Stauwerk. Der zweite Tunnelkanal führt es zur Neye-, der dritte speist es dann in die Bever-Talsperre ein.

Kleine Anmerkung: Die Schevelinger heißt auch Silbertalsperre, vielleicht ein Ausgleich dafür, dass sie im herzlosen Duktus der Wasserbauer Überleitungsspeicher genannt wird. Die unterirdischen Verbindungen dienen jedenfalls dazu, die Einzugsbereiche der diversen Bäche bestmöglich zu nutzen, ohne – wie sich hinzufügen lässt – ein immens großes Gebiet unter Wasser zu setzen.

Besonders im Fokus stehen die beiden Stillgewässer am unteren Ende des Blocks. Nachdem die Neyetalsperre als Trinkwasserreservoir ausgedient hatte, war der Weg endgültig frei, sie als Kern eines großzügig ausgelegten Naturschutzgebiets zu bestimmen.

Die Bever-Talsperre als Block-Schlussakkord und Namensgeber hat die Aufgabe, die Wasserstände der Wupper zu regulieren. Sie wird seit je für diverse Freizeitaktivitäten genutzt. Deshalb hat das Wort Wildwuchs hier eine andere Bedeutung als im Fall eines Naturschutzgebiets. Die Attraktivität ihrer Erholungsangebote zu steigern, liegt nahe – und ist zugleich eine besondere Herausforderung.

Prüfarbeiten an Talsperrenmauer

DIE WIEHLTALSPERRE

Seit 1973 dient die Wiehltalsperre nicht nur dem Hochwasserschutz, sondern auch der Trinkwasserversorgung. Der Sperre wegen mussten Menschen eine neue Heimat finden; wohl weniger schmerzlich vermisst wurden die Überreste einer Nebenstrecke der Wiehltalbahn. Dafür fand ein hiesiges Neuland bundesweite Aufmerksamkeit. Die Insel im See verdankt ihre Popularität den Biervermarktern, die so gern die Nähe zum Wasser suchen (Stichwort kristallklar). Das Eiland im Werbefilm sorgte für großes Rätselraten, viele wollten sein Inkognito gelüftet wissen. Grund genug für die Gemeinde Reichshof nun ihrerseits mit dieser „Perle" zu werben. Ein Aussichtsturm am Ufer sorgt für die bessere Sichtbarkeit (vielleicht auch für die eine oder andere Enttäuschung).

Otto Intze und sein bergisches Alter Ego

Lingese- und Brucher-Talsperre

Der Aachener Professor für Wasserbau Otto Intze (1843–1904) hat Talsperren-Geschichte geschrieben. Zu seinen Lebzeiten entstand im Bergischen RheinLand allerdings nur die Lingesetalsperre. Bei der Brucher-Talsperre etwas weiter südlich spielte der Lenneper Ingenieur Albert Schmidt eine wesentliche Rolle.

Der Name Otto Intze ließe sich ebenfalls mit der historischen Bever-Talsperre verbinden, wäre Intzes Konstruktion nicht der Erweiterung dieses Bauwerks zum Opfer gefallen. Doch auch der erste Bever-Speicher zeugte von der Allgegenwärtigkeit des Aachener Professors. Ganz bei Intze sind wir dann mit der 1899 eingeweihten Lingesetalsperre. Selbst die Brucher-Talsperre trägt noch seine Handschrift.

Die Lingese selbst fließt der Wupper dort zu, wo sie noch Wipper heißt. Sie ist eine Art Grenzgewässer zwischen Rheinland und Westfalen, ihre Talsperre gehört aber ganz zum rheinischen Landesteil. An ihrer Füllmenge hat auch die Wipper Anteil, die über einen Verbindungsstollen angezapft wird.

Die südlicher gelegene Brucher-Talsperre heißt nach dem gleichnamigen Bach, einem Zulauf des Gevershagener Bachs.

So sehr es angesichts der bergischen Stauseevielzahl selbstverständlich sein mag, von enger Nachbarschaft zu sprechen, die zwischen Lingese- und Brucher-Speicher ist besonders eng. Darüber hinaus dienen sie als Brauchwasserreservoir auch demselben Zweck. Sie sollen bei Bedarf den Wasserstand der Wupper regulieren.

Beider Riegel steht heute unter Denkmalschutz. Sie gehören zu den (Schwer-) Gewichtsstaumauern Intzes, deren Konstruktionsprinzip Epoche machte. Ihre wesentlichen Merkmale sind der bogenförmige Grundriss, die großzügig verfugte Mauer aus Bruchstein und ihr annähernd dreieckiger Querschnitt. Auf die Wasserseite kam eine abgeschrägte Anschüttung aus Erde, sie ist als Intzekeil in die Wasserbaugeschichte eingegangen.

Für das Nachwirken Intzes steht die Brucher-Talsperre. Ihr Bau 1912/13 stand unter der Aufsicht des Lenneper Ingenieurs und Baumeisters Albert Schmidt (1841–1913). Soweit es den Talsperrenbau betrifft, kann Schmidt als das bergische Alter Ego von Intze gelten. Doch im heimischen Rahmen reichten Schmidts Aktivitäten weit über dieses Tätigkeitsfeld hinaus. Zu seiner Zeit wurde er auch schon einmal als „Bezwinger der Wupper" gefeiert. Schmidts Buch über den bergischen Fluss schlechthin galt vor allem in der zweiten, vermehrten Auflage als Standardwerk.

So verdienstvoll Intzes Wirken war, es stellte sich doch heraus, dass seine Gewichtsstaumauern eine auf die Dauer verhängnisvolle Schwäche hatten. Der Aachener schenkte der Auftriebskraft des Wassers zu wenig Beachtung. Seine Staumauern liefen Gefahr, unterspült zu werden und so ins Gleiten zu geraten. Deshalb wurden in den 1990er-Jahren auch die Schlussriegel von Lingese- und Brucher-Talsperre ertüchtigt. Vorgesetzte Betonschichten und Drainagen im Mauerkörper sichern seitdem die Bauwerke.

Für Verwirrung kann sorgen, dass vom Intze-Prinzip auch bei einer anderen Art Wasserspeicher die Rede ist. Noch vor seinem Engagement im Talsperrenbau entwickelte er einen Wasserturmbehälter, dessen Bodenkonstruktion die Backstein- oder Bruchstein-Ummantelung wesentlich entlastete (und deshalb geringere Baukosten verursachte). Ein Intze-Behälter steckt im 15 Meter hohen Wasserturm auf dem Quirlsberg. Er versorgte Zanders mit Wasser und blieb bis heute erhalten.

Wald und Wasser
Die Wahnbachtalsperre

Alle Trinkwasserstaubecken sind auf die Assistenz des Waldes besonders angewiesen. Das gilt für die Wahnbachtalsperre und es gilt mittelbar auch für ihre Nebenstellen, die vom Grundwasser als unterirdischem Reservoir gespeist werden.

Zunächst und der Vollständigkeit halber: Das Trinkwasser des Wahnbachtalsperrenverbands kommt nicht nur aus der Talsperre. Im Bereich der Gemeinden Sankt Augustin (Meindorf) und Hennef (Stoßdorf) wird es ebenfalls aus siegnahen „Grundwasserwerken" gewonnen. Und während das Wasser aus dem Hennefer Siegbogen in der Anlage Siegelsknippen aufbereitet wird, erledigt die Sankt Augustin-Meindorfer an der Unteren Sieg den Verfahrensschritt in eigener Regie.

An diesen beiden Standorten wird das Wasser unter der Erde gesammelt. Doch selbst für den Grundwasserhaushalt spielt der Wald eine wesentliche Rolle. Bäume nehmen die Niederschläge auf, ihr Wurzelwerk speichert auch ergiebige Regenfälle und kann sie sukzessive an Quellen und Grundwasser abgeben. Der Wald verhindert nicht nur Überschwemmungen, sondern unterstützt auch die Filterwirkung des Bodens. Nebenbei bemerkt und mit Blick auf das große Ganze: Buchenwälder reichern ungleich mehr Grundwasser an als Fichtenmonokulturen.

Es liegt in der Natur der Sache, dass die Staubecken von steilen Hängen gerahmt sind. Deshalb haben sie den Schutz des Waldes umso nötiger. Fehlt er, fehlt auch der

Waldboden samt seiner Reinigungskraft. Die nackten Schrägen hätten der Erosion nichts entgegenzusetzen, Verschmutzungen wären Tür und Tor geöffnet. Wenn sich hier überhaupt Trinkwasser gewinnen ließe, dann nur mit erheblich höheren Kosten.

Auch an der Wahnbachtalsperre stapelten sich in den Jahren 2021/22 die Fichtenstämme. Schon die gewaltigen Langholzpolter längs der Zufahrtswege lassen auf die großen Waldleerstellen schließen. In der Vergangenheit war gelegentlich das Argument zu hören, für die Fichte spräche im Fall der Trinkwasserreservoire ihre natürliche Ausstattung: Die immergrünen Nadelbäume hielten im Herbst das Falllaub vom Wasser fern. Sie wirkten quasi als Kamm und schützten so das wertvolle Gut vor organischen Verunreinigungen.

Unabhängig von dieser erfrischend zweckmäßigen Überlegung leuchtet ein, dass sich die Frage nach einem „Zukunftswald" an den Trinkwassertalsperren besonders dringend stellt. Zukunftswald ist jedenfalls ein Vorhaben betitelt, das der Wahnbachtalsperrenverband und der Energieversorger rhenag initiiert haben. Regie führte der Lehrstuhl für Waldwachstumskunde an der Technischen Universität München. Westlich des Staubeckens entstand ein etwa vier Hektar großes, umzäuntes Versuchsfeld. Das Wort Feld ist wörtlich zu nehmen: Ein Boden wie Ackerland erwartete hier die Traubeneichen- und Tannensetzlinge.

Hält den Wahnbach auf: Keine Mauer, sondern ein „Steinschüttdamm" mit Betonabdeckung

Die lichthungrige Traubeneiche ist ein heimischer Baum der warmen Lagen. Von ihr steht zu hoffen, dass sie für die kommenden Bedingungen gut gerüstet ist. In schön gereihter Nachbarschaft zu ihren Exemplaren steht ein kleinerer Anteil der ebenfalls heimischen (Weiß-)Tanne, die immer noch häufig mit der Fichte verwechselt wird. Sie galt vielen Forstleuten lange als „Mimose des Waldes", mit anderen Worten als äußerst empfindlicher Baum. Heute ist sie laut waldwissen.net „ein Hoffnungsträger für den Waldbau im Klimawandel". Allerdings: Die Tanne ist ein Baum, der in der Jugend den Schatten braucht. Kahl(schlag)flächen behagen ihr wenig.

Insofern berechtigt der hiesige Versuch nicht zu den allerschönsten Hoffnungen. Das nimmt den Wäldern, nimmt der Wiederbewaldung nichts von ihrer überragenden Rolle, die sie im Dienst der Trinkwasserversorgung spielen. Was nun die Wasserqualität der Wahnbachtalsperre angeht: Angeblich lobte schon Konrad Adenauer ihr vorzügliches Nass. Außerdem hat der Berichterstatter mit eigenen Augen gesehen, dass sich ein (linksrheinischer) Kölner einen Kanister Bonner Leitungswasser abfüllte, weil er daheim endlich mal wieder einen gescheiten Tee trinken wollte.

„Weißes Gold"
Wasserkraft

Noch bevor die Menschen den Wind in die Pflicht nahmen, nutzten sie das Wasser, um an ihrer Stelle die Muskeln spielen zu lassen. Dafür bot sich das Bergische Land mit seinem tief zertalten Relief und den zahlreichen Wasserläufen an.

Niemand hat empirisch überprüft, ob die Strunde wirklich der „fleißigste Bach Deutschlands" war. Selbst in der Region gab es Fließgewässer, die ihr den Superlativ hätten streitig machen können. Jedenfalls hat sich auch anderswo ein Mühlrad hinter dem anderen gedreht, auch andernorts sahen die Unterlieger mit Argusaugen darauf, dass ihnen niemand das Wasser abgrub.

Im Bergischen lässt sich besser vom Wasser- als vom Mühlrad sprechen, weil diese Räder zahlreiche Hammerwerke angetrieben haben. Konnte bei den Flüssen das Rad in die fließende Welle gesetzt werden, musste bei den Bächen mit ihren schwankenden Vorräten eine andere Lösung gefunden werden. Meist wurde mit einem Schütz das Nass vom Bach abgezweigt und in einen Mühlengraben geleitet. Seit dem 14. Jahrhundert fand das oberschlächtige Wasserrad in der Region Verwendung. Hier fiel das Wasser auf die Radschaufeln hinab, die ihrerseits die Welle in Gang setzten.

Jahrhundertelang drehten sich die Wasserräder, bei denen die Höhendifferenz als Antrieb genutzt wurde. Zu einer bedeutenden Effizienzsteigerung führte die Erfindung der Turbine. Sie wurde zum „zentralen Element der Wasserkraftanlage", wobei die seltener eingesetzten Durchströmturbinen dem Wasserrad am nächsten stehen.

Hierzulande kamen meist Francis-Turbinen zum Einsatz. Sie sind bei mittleren Fallhöhen und Wasservolumina das Mittel der Wahl, ein Leitrad umschließt hier das Laufrad mit seinen gekrümmten Schaufeln. Zunächst trieb die zugehörige Welle eine Maschine direkt an, später geschah das über den Umweg des Generators, der den Strom erzeugte. Ihre Leistungsfähigkeit ließ sich durch ein vorgesetztes spiralförmiges Gehäuse noch verbessern. Es verengte sich zum Rad hin und verlieh dem Wasser mehr Dynamik.

Noch heute sind Turbinenhäuser Mittelpunkt der Ausstellungen, die der Wasserkraft und der anschließenden Gewinnung von Elektrizität gewidmet sind. Prominente Beispiele finden sich in Engelskirchen (erst Baumwollspinnerei, dann Kraftwerk Ermen & Engels) oder in Radevormwald-Dahlerau (ehemalige Tuchfabrik Johann Wülfing & Sohn, später Elektrizitätswerk).

Auch am Radium-Lampenwerk in Wipperfürth steht noch ein altes Turbinenhaus. Hier wird sogar überlegt, wieder Strom zu gewinnen. Allerdings stehen die Flusskraftwerke heute unter verschärfter Beobachtung der europäischen Wasserrahmenrichtlinie. Ob sie deren Anforderungen bei vertretbarem Kostenaufwand noch genügen, bleibt in vielen Fällen ungewiss. Solche Schwierigkeiten hat die Elektrizitätsgewinnung in den Grundablässen der Talsperren nicht. Prominentestes Beispiel ist die Aggertalsperre (siehe auch das Kapitel „Pioniertat in Krisenzeiten", Seite 114 ff.). Die Wupper-Talsperre wird demnächst eine zweite Wasserkraftanlage erhalten.

Auch die Lambach-Pumpe und ihr genial einfaches Prinzip sollen an dieser Stelle nicht vergessen werden. Der Name ehrt den Marienheider Mühlenbauer Gottfried Lambach, der diese „Wassersäulenmaschine" vervollkommnet hat. Sie bewegt sich nur durch die statische Kraft der Wassersäule. Unterhalb einer Quelle oder einem Bach gelegen, versorgte sie die Hochbehälter der Ortschaften. Wasser war demnach beides zugleich: sowohl das Transportmittel als auch das Produkt.

Lambach-Pumpen waren ein echtes, ein umweltfreundliches Wunder der Technik. Als auch die entlegeneren Gemeinden an Wasserwerke angeschlossen wurden, kamen diese Pumpen außer Gebrauch. Einige konnten gerettet und restauriert werden. Natürlich steht eine im Lambach Pumpenmuseum von Marienheide.

Fertigungshalle der Firma Radium in Wipperfürth, um 1913

UMMIGS- UND DERENBACHBRÜCKE

Die eine (Ummigsbach) steht als Ruine knapp unterhalb der Staumauer, die andere (Derenbach) blieb fast vollständig erhalten, versank aber in den Fluten der Wahnbachtalsperre. Beide Überwege gehörten zur 1927 „feierlich" eröffneten Wahnbachtalstraße, unter ihren zahlreichen Querungen waren sie die zwei größten. Der Verkehrsweg, ursprünglich war eine Kleinbahn vorgesehen, sollte einerseits die entlegene Gegend um Much (und ihre Arbeitskräfte) mit den rheinischen Zentren verbinden (frühe Nähe zum Stichwort „Bergisches RheinLand"), andererseits die Städter auf die umgekehrte Seite der Medaille locken, ergo in eine „liebliche" Landschaft. Ihr Bau war eine typische Notstandsmaßnahme, zielte also zunächst einmal darauf, Menschen in Lohn und Brot zu bringen. Schon damals war ein Stausee geplant, allerdings ein wesentlich kleinerer. Seine Wasser sollte die Derenbachtalbrücke überspannen, sie erreichte die damals sehr beachtliche Länge von 70 Metern. Als die Brücke bei einer Staumauersanierung wieder auftauchte, präsentierte sie sich als erstaunlich intaktes Bauwerk von einiger Eleganz. Die Ummigsbachbrücke wurde in den letzen Wochen des Zweiten Weltkriegs gesprengt, von ihrem Drei-Bogen-Viadukt steht nur noch einer. Er ist kein amtlich beglaubigtes Denkmal, aber doch von großem Erinnerungswert.

Ummingsbachbrücke, um 1930

Dr. Martin Stankowski

Die Ressource der Erinnerung

Fotos als Quelle der Geschichte

Der Schatz lag Jahrzehnte auf dem Dachboden eines Wohn- und Geschäftshauses in der Wipperfürther Innenstadt, bis er vor wenigen Jahren entdeckt und gesichert wurde. Es geht um über 40.000 Glasplattennegative eines Fotogeschäfts, das Theodor Meuwsen seit 1869 und sein Nachfolger Emil Hardt bis in die 1940er-Jahre betrieben. Ein Schatz, der vor allem Orte, Straßen und Häuser zeigt, aber auch Menschen aus einer Zeit, als es kaum private Fotografie gab, als Schützenfeste oder Kriegervereine, jedoch nur selten die Arbeit festgehalten wurde. Die beiden Fotografen haben das, was immer passierte und was auch bezahlt wurde, abgelichtet und so ein fotografisches Gedächtnis hinterlassen. Dieser Schatz gehört heute der Stadt Wipperfürth, wird vom Stadtarchiv digitalisiert und vom Heimat- und Geschichtsverein Wipperfürth geordnet, um die Fotos dauerhaft zu sichern und öffentlich zugänglich zu machen.

Das ist nur ein Beispiel, ein Bildarchiv von mehreren im Bergischen RheinLand, aus denen die historischen Fotos in diesem Band stammen. Denn immer sind ein Bildarchiv und gerade die historische Fotografie auch Ressource. Sie ermöglicht, Ereignisse zu dokumentieren und zu studieren. Fotografien gewähren einen visuellen Einblick in die Vergangenheit und verleihen den trockenen Informationen aus Büchern und Dokumenten eine menschliche Note. Sie erwecken Geschichte zum Leben und ermöglichen es, uns mit der Vergangenheit zu identifizieren. „Ein Ereignis ohne Bilder ist so, als hätte es nicht stattgefunden", sagt der Historiker Gerhard Paul, der an der Universität Flensburg die Wirkung von Bildern erforscht.

Hier sind es vor allem historische Bilddokumente, die Orte, Straßen oder Bauten zeigen, und gewöhnlich sucht man nach Bekanntem, kann es „verorten" und genau das macht diese Quellen glaubwürdig. Ähnlich ist das mit Heimatkrimis, die umso authentischer wirken, je genauer wir die Handlungsorte identifizieren können.

Zur visuellen Topografie gehört im Bergischen RheinLand vor allem auch die Landschaft, die gerade in ihrer Unverwechselbarkeit als Heimat wahrgenommen wird. Hier zeigen die historischen Fotos die markantesten Eingriffe, etwa beim Talsperrenbau, der Anlage von Bahntrassen oder den aufgetürmten Folgen der Verhüttung beim Erzbergbau. Gerade die Fotografie erlaubt, Entwicklung und Veränderung im Lauf der Zeit zu beobachten und zu analysieren.

Ein weiteres Thema sind die Bilder der Arbeit, in der Frühzeit der Fotografie kein selbstverständliches Sujet. Während Dinge und Objekte in Museen Informationen über funktionelle Bezüge liefern, ergänzen Fotografien nicht nur technische Details, sondern zeigen die Objekte, vor allem Maschinen und Werkzeuge, in ihrem soziokulturellen Kontext. Gerade dort, wo wir nicht auf andere Sachdokumente zurückgreifen können, stützen sich viele unserer historischen Kenntnisse auf die erhaltenen Aufnahmen.

Das betrifft Wohnen und Wirtschaften, Handwerk und ländliche Arbeitswelt, aber auch Fabriken und die frühe Industrie.

Und schließlich der Alltag, der noch seltener Gegenstand der Fotografie war. Allein schon aufgrund ihrer technischen Bedingungen sind ein Großteil der Bilder in dem Wipperfürther Archiv Inszenierungen. Was aber ihre historische Quelle nicht schmälert, wenn man um diese Bedingungen weiß. Es kommt wie bei allen historischen Quellen auf die Kontextualisierung an, den Ort, die Zeit, den Umstand des Bildes genauso zu berücksichtigen wie den Auftraggeber und das Motiv. Immer geht es darum, Ideen, Dinge, Handlungen und Menschen in Beziehung zu setzen zu anderen Inhalten, Themen und Dingen.

Alle Beschäftigung mit Historie kennt den ineinandergreifenden Mechanismus des Vergessens und Erinnerns. Aber die Voraussetzung dafür ist, überhaupt Quellen zu haben, die diese Beschäftigung erlauben, wie die Fotografien, die dafür eine wesentliche Ressource sind.

Bildnachweis